# 直播行銷革命

# Live Streaming Marketing

李科成——著

0:02 / 4:20

SUBTITLES OFF

〔推薦序〕

# 汲取直播 know-how，打造更高營收的企業

王家浩／時間軸科技股份有限公司策略規劃總監

很開心這次能為《直播行銷革命》寫序，直播這個新興的議題，在短短的兩年間蓬勃發展成了網路行銷領域的顯學。隨著網路技術的演進，在 4G 興起後，讓視頻或直播這種需要高速流量的內容不再是問題，手機也成為大家最倚賴的接收資訊工具，在如此快速變動的網路世代，很開心商周出版能以這麼快的速度，提供讀者一個一窺直播奧妙的機會。

## 深入淺出的內容鋪陳＋豐富的真實成功案例

本書利用豐富的成功案例將直播的方式與型態進行深度剖析，不僅介紹了直播的觀念與類型，包含遊戲、體育、活動、行動與秀場等不同的直播外，並且詳細說明在不同的類型下，成功案例是如何達到直播的最大效益。同時，以條理分明的方式讓讀者了解到不同直播手法的意涵與特

性。因為當你知道不同的紛絲族群應該要用什麼樣的直播來強調不同效果時，在你推出直播的第一時刻，就可以有不一樣的節奏感與內容呈現的完整度。

## 兩岸直播環境與社群雖有差異，但原理相通

2016 年是中國直播火熱的一年。在中國，直播的運用與相關社群媒體整合的深度及廣度，都比目前台灣來得靈活，不僅包含在社群媒體平台上做直播的 QQ、微博、微信等，以及電商平台直接嵌入直播功能的天貓、淘寶直播等，更有超過 200 個獨立直播平台，如嗶哩嗶哩、熊貓 TV、鬥魚 TV 等。

而以台灣而言，直播的平台主要還是來自於 2016 年年中才開放直播的臉書。但是，仍可以看出台灣已漸漸有更多直播平台的興起，如 17、浪 Live、Up、LIVEhouse.in、Yahoo! 奇摩等，預計可帶動後續直播的熱潮。

台灣的社群媒體或是文化與用字遣詞，雖和中國有所差異，但是透過本書，讀者仍然可以從其中得到非常實用的直播知識（know-how）。若再稍加變形的情況之下，搭配台灣當地的生活用語與習慣，與其使用的社群網路與直播通路之特性，因地制宜，相信仍可以打造出成功的直播體驗。

## 直播電商的嘗試家——friDay 購物 & 巷弄（時間軸科技）

由遠傳電信投資的 friDay 購物，在 2015 年年底即開始嘗試直播電商，在中午這段行動網路使用高峰時段，分別利用網紅與藝人進行內容節目與銷售商品，推出了「friDay 瞎拼購」與「friDay 不上班」兩檔直播節目。

當時，直播環境與條件還相當不發達，台灣並沒有一個共同的直播平台，臉書還沒有開放直播功能，故僅能透過 YouTube 與 LIVEhouse.in 進行雙平台直播。在一切都是憑空摸索的情況下，透過不斷地修正內容與商品結合，成功地提升商品銷售的投資報酬率（Return on Investment，ROI）超過 2 倍以上。之後的兩年，friDay 購物又推出了「書沙龍」實體策展直播與時間軸科技的另一服務——「巷弄」推出的「食食嗑嗑」美食體驗的直播內容。在直播的路上，一直扮演著先鋒的角色。

其中，這一路走來所得到的經驗與心路歷程，都恰巧和本書中所述的內容心法雷同。相信讀者閱讀完本書後，都能對直播這個新的行銷工具有更深的體認。

## 涵蓋實用案例，帶領讀者進入直播領域的有用好書

本書不像傳統一般的教科書，給讀者很難啃的感覺，反而從書中的內容中可以發現，其所討論涵蓋的範圍非常廣，給予的案例分享也相當豐富。同時也點出了這本書的定位：適合有行銷經驗的職場人士，可以用來充實自己對於一種新行銷工具的誕生，汲取前人的成功經驗；本書也適合對直播有興趣的初學者，在大量圖文的介紹下，得以最快地進入這個產業並對它產生興趣。

不同的產業領域有不同的做法與成功的竅門，這本書最後也針對了八大產業，提出了不同的見解。所以，不論是各行各業的行銷主管或負責人，或是想了解直播，想投入直播的初學者、新鮮人，都不妨當作投入前的參考。

如果你是行銷領域的專家，閱讀本書後，可以充分利用跨媒體平台展現自我的專業，在培養大量粉絲下，提高公司營收。

如果你是自己創業當老闆，也可以學會這些現在內容行銷最熱門的工具，提供更多建議讓公司展現更加靈活與彈性。

直播，一個 2017 年最夯的話題，這本書的誕生，你一定不能缺席。

〔推薦序〕

# 直播時代來了：網路新一波巨潮全面席捲！

許景泰／台灣自媒體社群產業發展協會理事長、
SmartM 世紀智庫創辦人

首先，我們想帶大家先回到十年前的 2007 年，那一年是「一個人經濟快速崛起」的一年，也是科技與網路開始融合，快速滲透到我們每個人的生活與工作各個維度的一年。

怎麼說呢？2007 年，賈伯斯發表了第一支 iPhone 手機，改變了手機產業和消費者使用方式，人手一機，似乎讓人人變得萬能。2007 年，也是臉書（Facebook）成立之後，在全球快速蔓延開來，人與人的關係連結變得容易，成本趨近於零，免費資訊分享有如核彈般在全球各地爆炸四散。全球與在地的內容，被臉書一口氣連結交織在這個社群平台上。誰能想到，臉書只用了十年，就成了全世界最大的用戶擁有者——18 億。同時，2007 年也是自 2000 年網路泡沫化、全球資本在網路產業上沉寂一段時間後，在各式網路創業公司的資本狂投、瘋狂挹注下，於美國、中國與世界各地，呈現一片網路創業欣欣向榮的風潮！

十年，一切以「快」為名的科技與網路革命，就這樣一溜煙過去了！

2017 年的現在，我們不得不承認，個人因著智慧手機、社群網路、各式 App 商業高度應用，從個人、企業到組織，已經產生了比過去工業革命、科技資訊更大的變革！

特別是在自有媒體社群變革發展上，對我們生活和工作的食、衣、住、行、育、樂，都比過去任何一代的影響更為巨大。2017 年，我預測未來十年，社群發展將進入全新一波顛覆式的大變革，而「直播」更直接對以下四大發展產生巨大的商業影響：

## 一、內容創業＋直播：別再錯過，搭這一波新風口！

我們已經進入大內容的時代，除了中國之外，臉書成了內容最大的贏家，既是全球影響力最大的內容媒體，也是最多用戶的社群平台。根據 eMarketer 估計，臉書在 2016 年就因此獲得社交媒體上 67.9％的廣告市占率。我們每一個人，都成為了 Facebook 的內容提供者，為這個平台「做工」，而且已養成下意識的慣性反應，為臉書無報酬地產製大量內容。

個人手機普及的時代，臉書的發展更是如虎添翼。臉書挾著最大用戶、最多內容、最廣泛連結的有機體，已將所有人的眼球都吸引到它的平台上。

傳統媒體的經營，凡事講究「收視率」、「訂戶數」、「閱覽與曝光人數」等「落後關鍵指標」運作下，先是造成紙本媒體廣告量大幅下滑，報業倒閉或大批縮編，緊接著也讓長期習慣看電視的收視戶，因著社群行為改變，收視率慘跌，總體電視廣告量也被網路廣告一舉超越。

不僅如此，當個人運用手機快速產製圖文、影音、直播等小內容，雙向互動、互為依存的關係成為新媒體生存的必備要件。在過去十年的社群高速發展下，「內容」已被使用者快速產製、高度速食化、免費爆炸性噴發，傳統內容媒體無一不被臉書與各式社群平台衝擊，沒有一個可以倖免。

時至今日，2017年，當手機第三方支付已逐漸便利，甚至取代貨幣交易，個人付費意識開始興起，願意在碎片化時間下，花錢買時間、或投資浪費在有價值的時間上，「付費內容」有了重生的機會，而「直播」更助長了這個凡事講究速食、快速傳遞、零時差互動的新內容革命。伴隨而生的，就是「內容創業」，在個人、組織、團隊與企業中，將因著「直播」商業運用的多元，在各產業不斷湧現新的商業契機與新的工作。

## 二、內容電商＋直播：傳統電商將被顛覆，內容電商已崛起！

從 1995 年算起，台灣電子商務也走了 18 年。我們在電商發展的前 8 年，是領先中國、並與美國發展同步的。但是到接下來的十年，中國在電子商務的創新迎頭趕上，甚至在許多創新的電商模式，已超越全球電子商務佼佼者——美國。那台灣呢？沒有人口紅利，電子商務市場在零售業的比重雖已超過 10%，但在近 2 年成長趨緩，加上線下實體零售加入戰局，整體零售市場已一片紅海！

近期口號漫天飛舞的「跨境電商」，被政府、媒體炒得火熱，但我們真的有實力能將在地品牌走向全球，或做大跨境電商的全球企業，實在少之又少。我們誠實面對，台灣已走入了另一個電子商務處境艱難的交叉口，一方面是內需消費力道微弱，另一方面則是向外發展的企業，在資金與實力上都無法跟歐美、中國比擬。

面對這樣的內憂外患，該如何做呢？「內容電商」和「直播電商」的低成本運用，在此時此刻給了我們一個新契機，就看你是否抓住了！因著渠道分散，傳統通路和渠道影響力式微；大眾媒體崩壞，社群已讓人與人形成的群體更加細分，再加上消費者對品牌與產品的好惡，主動性和抉擇權大增，以社群內容主動出擊，來吸客、集客、養客的內容與直播電商，變得比傳統以功能需求的電商，來得更有賺錢利基！

## 三、個人經濟＋直播經濟：新工作型態與眾多獲利模式湧現！

一個人的經濟，在這一波新網紅經濟帶動下，走入了人人皆可能成為網紅，明星、專家、甚至企業家也可能要成為「網紅」。網紅其實不是現在才有，在我看來，網紅已經走了 20 年。

網紅 1.0 是網路文學時代，多以筆名或匿名的文學、小說創作為主。台灣的網紅代表如痞子蔡，中國則有老榕、安妮寶貝等，主要活躍在BBS、PTT、討論區、各大論壇等。

網紅 2.0 的興起則倚靠部落格（博客）平台崛起，各類圖文並茂的內容創作者一下子全都湧現，例如：台灣的彎彎、馬克、女王、九把刀；中國最著名的韓寒、郭敬明也是這時期的先鋒人物。

網紅 3.0 的到來，與臉書、微信等社群實名制有關。這時候，已經不再是以「一對多」的 Web2.0 內容傳播模式為主，反以人際網絡緊密交織出各種新可能。

明星也開始經營自己的自媒體社群，一個厲害的名人號召力，有時甚至比傳統媒體更有影響力。例如：五月天 15 萬張的演唱會門票，竟然 5 分鐘秒殺賣光。許多網路素人也透過影音、圖文等即時的內容創作，在臉書、YouTube 等平台瞬間爆紅者像雨後春筍般湧現。例如：蔡阿嘎拍攝一系列國台語交雜的影片，每則影片達上百萬人次瀏覽分享。

如今，網紅 4.0 到來，提供直播的 App 應用大量出現，臉書、Instagram、YouTube 等也提供更多直播、影音與強化社群連結的功能服務。更重要的是，因為金流支付的普及便利，網紅經濟在「個人獲利」或「內容創作獲利」的模式上，變得異常多元且豐富！

事實上，這一波網紅經濟或個人經濟的浪潮，也直接和間接造成了傳統媒體、娛樂文化、經紀公司、廣告、零售、電子商務等產業巨大的衝擊。因著網紅吸走了大批流量、帶走了消費者、影響力滲透了各個角落，消費者只會跟著不斷冒出的網紅、自媒體社群而愈加分眾，許多產業不得不轉型、改變，否則將會造成巨大損失。

## 四、顛覆產業＋直播商機：才剛開始，直播威力將滲透到各產業別

2016 年是直播的元年，由於臉書讓每個人隨時隨地都可以直播，也因此加速炒熱了大批網紅新星。未來，直播的變化與應用的場景會愈來愈多，所涉入的行業別也會翻天覆地地改變。例如：房產業的銷售，可應用直播帶客看屋，省時又對服務加值。再者，跨國的買賣也可做直播來促銷，不但節省往來的交通與溝通成本，也更直接真實地呈現產品。可以預見，直播會愈來愈專業化、有創意，並滲透到旅遊業、服務業和生活各種場景當中，當科技創新速度加快，虛擬實境（VR）、擴增實境（AR）、人工智慧（AI）等，再結合直播功能，威力只會變得更強！

2017 年，我們預見未來十年，將進入以上四個巨大商業變革。面對消費者早已跟網路、智慧手機無法脫離的時代，我相信，面對直播新浪潮，台灣必須採取更積極的「跨界策略合作」、「整合共同創造」、「多贏多邊平台」來因應這個十倍速的快速變遷，才得以讓台灣的內容創業、內容電商、個人經濟、直播商機，獲得真正扎根，且更具國際前瞻性的發展！

〔推薦序〕

# 把直播當成讓核心事業升級的機會

程世嘉／LIVEhouse.in 共同創辦人暨執行長

2014 年 1 月，LIVEhouse.in 正式上線，我們面對的是一個完全不了解直播的市場；今天，直播已經是所有產業的標準配備。

LIVEhouse.in 做為直播的先驅之一，在當時其實面臨了非常嚴峻的挑戰：市場對於直播非常非常陌生，我們要怎麼去創造一個還不存在的市場？我們團隊之所以會投入做直播技術和內容，純粹是因為覺得這應該是下一代的影音趨勢，其實並沒有經過任何仔細的市場分析和科學的驗證，因為當時根本就沒有「直播市場」可以分析！

於是，我們想盡辦法用土砲的方式、接觸各種不同領域的潛在客戶，央求這些客戶讓我們為他們做一場直播，其中包括音樂、講座、教育、遊戲、美女、電商等各式各樣的直播，我們一路做、直播市場一路打開，終於在各大社群平台也開始爭相邁入直播應用時，市場也被教育完畢了，現在我們不用再去求客戶做直播，整個方向顛倒過來了。今天，我常跟客戶說：「天上飛的、地上爬的直播，我們全部都做過了。」LIVEhouse.in 團隊在這個市場打開的過程，已經累積了超過 1,000 場的 B2B 專業直播內容製播經驗，以及連帶發展出 StraaS 這一個提供影音技術租用的 B2B 平台。

回首當時剛上線，真是恍如隔世。

直播產業在經過三年多的爆發式成長之後，技術和工具發展成熟，如今正式進入百花齊放的階段，從原本的直播大平台模式，開始演變成各行各業開始嘗試運用直播作為標準的行銷工具，我們可以看到講座單位、社群平台，甚至政府單位，都把直播當成是一個固定運用的行銷工具，充分拉近與使用者和觀眾的距離。雖然很多企業和個人還在摸索直播的應用和商業模式，但「直播 +」的趨勢已然成形，直播變成了新工具、新手段，每個產業和個人都在想著要如何把直播加入自己既有的商業模式當中。

## 僅用數年進入成熟期的直播浪潮

就如同任何科技的發展曲線一樣，直播其實也走過了調研機構 Gartner 提出的科技成熟曲線的幾個階段：創新發明、市場吹捧過頭、理想破滅的低谷，以及真正產生生產力的啟蒙階段。

這一點從中國大陸的發展最能夠看出其脈絡，中國大陸最早發展直播，直播平台的數量和瘋狂的資本追逐也在 2016 年達到了高峰，估計在 2016 年中國大陸有超過 300 個直播平台，各種直播亂象也因此開始產生。

所以，在同一年，中國政府祭出了管制直播的規定《互聯網直播服務管理規定》，決心嚴加整頓各種直播平台的亂象、明定各項直播平台的管理規範，其中包括「持照上崗」、「實名制」、「資料保存 60 日」等規定。而政府也的確強力執行這些規定，2017 年 5 月，中國文化部通報關閉 10 家直播平台，行政處罰 48 家表演單位，關閉直播間總共 30,235 間，整改直播間 3,382 間，處罰表演者 31,371 人次，解約表演者 547 人。其整肅規模之大，在全世界的網路產業也是首見。

因此，以中國為首的直播風潮，也在過去半年進入了盤整階段，沒有商業模式和執照的直播平台開始大量倒閉和整併，也有的平台開始從 2C 往 2B 的路線發展，整個直播產業鏈從上游到下游終於逐漸成形，每個團隊開始找到自己在生態中的位置，將重心轉移到發展穩健的商業模式，種種發展的方向顯示，直播確實進入了科技發展的「啟蒙階段」。

最令人驚訝的還是：直播從進入市場到發展成熟所花

的時間，居然不過短短數年，其發展速度在科技史上真是前所未見。而過去幾年資本市場廝殺所留下的直播專業知識，也在此時透過不同方式釋放出來，變成人人可用的技巧和工具箱，本書便是大量蒐集了過去幾年的經典直播案例，用詳盡的分析來展示各行各業可以如何做直播，進而將直播當成一個日常的行銷工具，為自己既有的核心事業加值。

我鼓勵讀者們透過本書的「直播+」核心概念，來想想這個「+」號後面應該如何放進自己正在做的事業，把直播當成讓核心事業升級的一個手段，跟上這一波難得的直播浪潮。

〔推薦序〕

# 從媒體、文化、娛樂、體育到電商，直播即將改變一切！

鄭緯筌／台灣電子商務創業聯誼會理事長

走在路上，我們很容易被道路兩旁的偌大招牌所吸引。瞧，不遠處的某個廣告招牌上頭正有個美女對你巧笑倩兮，定睛一看才發現這是某個直播平台的廣告。而打開臉書，更是不時可以看到各種形態的直播節目正不分晝夜地進行，無論內容是商品銷售、讀書會或美食秀，這一切無非就是為了鎖定你我的眼球。

眾所周知，2016 年是「全民直播元年」，特別在中國特別火紅。直播不但成為近年來全球創業圈中的熱門詞彙，包括社群、電商、媒體與傳產等不同產業都紛紛投入這個領域。在這個網紅當道的年代，真的可以說「全民直播」時代來臨了！

根據中央通訊社的報導，近年來台灣的媒體生態也呈現重新洗牌的局勢，傳統強勢的電視媒體，覆蓋率從 93% 下跌至 88%，而網路的覆蓋率卻一路從 51% 上升至 79%，幾乎可說是和電視不分軒輊。更值得注意的是網路閱聽眾的年齡層，以 20 至 49 歲居多，而這恰好也是民生消費的主力族群。

說到直播何以能夠吸引眼球，其實和科技本身的應用關係不大，而必須回歸到人性。要知道，人們普遍有喜歡湊熱鬧和互動的習性，也因此當臉書以降的社群媒體開放全民直播的時候，很快就蔚為風潮。連傳統的媒體人沈春華、黃子佼等，也都因為看好直播的未來發展，紛紛加入直播的行列。

在這個風口浪尖，直播的應運而生，更刺激了大家對於這個科技應用的想像。舉例來說，你可能看過把直播拿來做遊戲、比賽的實況轉播，或是與名人互動，甚至直接把網路變成賣東西的商場。

但你有聽說嗎？現在還可以運用直播工具，把它當成是線上即時發問的管道，幫助學生解決各種課業難題。最近，台灣大學教學發展中心就結合直播熱潮，率先推出「微積分之夜」活動，讓收看直播節目等同於擁有自己的貼身家教。

## 揭開直播竄紅謎底，打開事業新市場

直播的威力不容小覷，對岸大大小小的直播平台已經超過 300 個，網紅、直播 App 也成為年輕世代生活的一部分，頗有重演當年團購網站「千團大戰」的味道。中國大型行動直播平台映客的獨立董事高培德（Brett Krause）就說過：「這才只是剛開始而已，直播將會改變媒體、文化、娛樂、體育和電商，還有很多很多。」

而台灣的直播市場雖然才剛剛起步，但也不難看到相關業者正急起直追，加上我國在華語市場時常扮演舉足輕重的關鍵角色，未來可望透過影音直播串連日、韓與東南亞市場，進而拓展整個亞洲市場的商機。

伴隨直播的浪潮而起，坊間有關直播的書籍也愈來愈多了，但就我個人看過的大多數書籍來說，多半只提到直播的火熱現象和若干營運數據，卻忽略了一些重點。感覺起來，書籍的深度比較不足，相對也缺乏有系統地整理直播發展的脈絡，以及對於未來場景的一些觀照。

可喜的是《直播行銷革命》一書，不但有點與線的構連，更加以連結成面，除了針對直播的概念、方式與現象進行了詳細的拆解、介紹和總結，更利用一些篇幅來講解直播的思維與不同行業進入這個領域所需要具備的條件。

這本書不但可以幫大家解開直播何以忽然竄紅的謎底，也跟讀者朋友介紹了要如何企劃精準的主題，才能讓直播走入人群。特別是要如何牢牢吸引粉絲，作者還整理了直播主必須掌握的六大法則，包括：發表會直播模式、IP 直播模式、作秀直播模式、限時搶購直播模式、戶外直播模式以及顏值直播模式等，都是相當值得參考的直播模式。

此外，在投入直播累積一定的流量之後，要如何將大眾的眼球變現這個議題，相信也是大家感到好奇與關切的重點。很高興在《直播行銷革命》這本書中，也能看到作者根據過往成功案例提出分享，我相信會對有志參與直播行銷的朋友有所助益。

# 目錄 CONTENTS

## 5 有內容的直播才有料，有料的直播才有錢



## 6 把你的直播告訴每個人

## 7 所有行銷的本質都是獲利



## 8 直播 × 八大產業的全面應用

〔前言〕

# 從小米到媚比琳，讓直播行銷為產品加值

我們先來看這樣一個場景：你最喜歡的當紅女明星正在對著鏡子化妝，隨後便轉頭面向鏡頭，對粉絲傾訴自己在錄製某個綜藝節目的過程有多辛苦，並將話題帶到她最常用的一款護膚保養品，如何讓她再怎麼疲累和睡眠不足，肌膚依然能煥發光彩。此時，粉絲在與明星聊天互動之際，就可以直接點選這款化妝品的網站平台購物連結，結果該網頁短短幾分鐘就流量爆滿，明星所使用的同款產品很快便銷售一空。

這就是直播行銷的魅力，這種行銷方式目前正迅速發展，並且很快形成風尚，在網路行銷的趨勢上，直播已逐漸成為最大的浪潮。

短片曾在 2015 年登上新媒體的寶座，但是半年後便被直播超越，2016 年已經進入「全民直播元年」。

全球行動上網（Mobile Internet, MI）產業資料發表平台——艾媒諮詢網（iiMedia Research），在 2016 年 4 月發表了《2016 年中國影音直播平台行業專題研究》。該研究顯示，2015 年中國影音直播平台數量接近 200 家，網路直播的市場規模約為人民幣 90 億元，網路直播平台的使用者數量已經達到 2 億人次，大型直播平台每日高峰時段同時上線人數接近 400 萬，同時進行直播的房間數量超過 3,000 個。這些數字在 2016 年更是直線上升，如此龐大的市場也讓直播成為各大企業的兵家必爭之地。百度、阿里巴巴、騰訊、京東等網路企業紛紛加入戰局，在購物、電商、明星的融合之中，直播造就一股新的行銷風潮。

隨著行動上網的飛速發展，行動直播也迅速成為主流，每個店家都可以發表產品直播，每家企業也都可以進行活動直播，每個人更可以透過直播成為「網紅」（網路紅人）。微商、創業、電商、線上教育、旅遊、醫療等各行各業，都可以進軍直播領域，創造更有獲利動能的商業模式。直播不僅導入最初的打賞模式，更導入了行銷變現模式。

不妨看看下面這些品牌的做法吧！

（1）知名品牌巴黎萊雅（L’Oréal Paris）在坎城影展上藉由明星代言人，用一個個小小的手機鏡頭，為使用者帶來不一樣的「紅毯」直播。直播中，明星以親民的姿態入鏡，與使用者聊家常、聊電影、聊護膚保養、聊巴黎萊雅，甚至直接帶動某些熱賣產品在短時間內就銷售一空，甚至宣告存貨告急！

（2）媚比琳（Maybelline）在新品發表會中放棄一般大型發表會或記者會模式，選擇在無編導、無腳本的後台，用手機直播明星採訪，於各大直播平台上同步直播。在這個過程中，媚比琳吸引眾多粉絲，新產品的銷售量也節節高升。

（3）韓都衣舍推出韓國網紅的穿搭直播之旅，邀請韓國和中國的人氣網紅上鏡，向使用者直播韓國的潮流風尚，並在直播中傳授韓國流行穿搭和技巧，直接體現韓都衣舍的「場景化、生活化、人格化」等特點。這一次的時尚直播也吸引近 200 萬人觀看，讓韓都衣舍電商網站的客流量推向另一個高峰。

（4）小米公司的創辦人雷軍拋棄傳統租用高昂場地、花費大量精力與物力的大規模發表模式，選擇在一個辦公室內進行直播，發表新產品無人機，不僅吸引百萬粉絲，還讓「雷布斯」〔編注：中國將史蒂夫・賈伯斯（Steve Jobs）譯為喬布斯，許多國外媒體都稱小米為中國的蘋果（Apple），因此雷軍也被稱為雷布斯〕成功晉級網紅。小米後續又接連開設多個直播，如「小米 Pro 發布會」、「小米 5 黑科技」直播等，都相當成功。

（5）天貓、淘寶等各大電商網站加入直播平台後，讓多家網路商店的店長紛紛從老闆晉升為網紅，不僅帶動自身的人氣，更為自家店鋪累積能夠創造驚人銷售量的客流。

因此，透過直播，無論你是企業老闆或小型網拍店家，抑或是名不見經傳的創業者，都可以用最低成本的方式提升人氣，獲得流量。然而，在這個「全民直播」時代，並非全民都能成為網紅。本書針對這一點，著重介紹透過直播實現真正高效行銷的方法。

本書共分為八章。第 1 章介紹直播目前的發展現況，對直播的概念、方式、現象做了詳細的總結和闡述；第 2 章介紹直播應具備的基本思維，即直播的六大優勢與特點；第 3 章從直播主題策劃的角度出發，為讀者提供豐富又吸睛的直播主題策劃方案；第 4 章介紹直播各種模式與具體的操作方法；第 5 章從直播的內容出發，介紹如何做出有價值的直播內容；第 6 章則主要是在講述如何推廣自己的直播，讓更多的人參與其中，獲得高人氣；第 7 章強調讓直播能創造實質獲利的變現技巧；第 8 章說明直播和八種產業的嶄新結合，都將成為未來最有機會的領域。

本書極具專業性，呈現直播行銷的全貌，適合所有想要透過直播宣傳產品的各類人員。

# 1 稱霸行銷從直播開始

- 社群、電商、媒體、App紛紛加入戰場
- 解密一夕爆紅的直播現象
- 從傳統媒體到新興平台，全都進入「直播時代」
- 直播的五大種類
- 打造話題、引爆訂單的企業直播
- 直播浪潮的幕後推手

2016 年被認為是「直播元年」，這一年，影音直播節目所創造的收視率超越以往任何時代。2016 年上半年，「直播」成為創業圈中的第一熱門詞彙，受到創投業和資本市場瘋狂關注。在中國，直播平台的投資預估金額在 2013 年約為人民幣 1.7 億元，2014 年為人民幣 5.9 億元，2015 年達到人民幣 23.7 億元，成長率接近 300%。有愈來愈多的人加入網路直播產業，幾乎所有的社群、電商、手機應用程式（App）都充滿新興直播平台。可以說，「全民直播」時代真的已經到來！對企業而言，直播是 2016 年乃至以後很長一段時間內最好的行銷方式之一，本章會先為讀者建立對直播當前情勢的基本認知。

## 社群、電商、媒體、App 紛紛加入戰場

直播到底受歡迎到什麼程度呢？

一個大學生直播主的月收入能達到人民幣 10 萬至 20 萬元；一位網路紅人在進行兩個小時左右的直播後，收入進帳人民幣 30 萬元；明星開啟幾分鐘直播後就受到上百萬粉絲關注，這些都在在證明直播的熱門。

有愈來愈多的人加入網路直播產業，幾乎所有的社群、電商、媒體、App 都做起直播的生意，「全民直播」時代

正式到來，最重要的一點是，有愈來愈多的企業已經躋身直播行列，將直播當成重要的行銷工具之一。

## 從個人秀場到企業行銷

對2016年一整年來說，行動直播是最熱門的網路趨勢，它不僅顛覆了傳統的社交方式，「直播＋」也衝擊著以往的行銷方式和商業模式，並且正在加速顛覆傳統企業的經營模式。

在傳統的商業行銷模式中，使用者往往透過文字、圖片、影片等平面化的素材來感受和想像產品的特性，而在直播上，使用者可以使用花樣繁多的立體互動形式，直接感受產品。企業透過直播平台上的優質內容、多元直播形式及直播技術，讓使用者獲得更優質的產品體驗。

在網路直播發展的最初，往往被視為個人秀場，只能藉此提升直播主的個人知名度。但是，隨著行銷威力的展現，直播逐漸成為企業的新寵。

在旅遊業，途牛影視與花椒直播平台合作，開啟「直播＋旅遊」的嶄新模式。2016年5月，途牛影視攜手直播平台，全程直播香港明星王祖藍夫婦在馬爾地夫見證聯合婚禮、知名中國女演員顏丹晨的量子號郵輪行，以及途牛影視簽約旅行直播主的韓國首爾行等活動。

途牛的這次直播累計觀看人數超過 400 萬次。在顏丹晨的郵輪直播活動中，途牛還透過直播的方式來發放旅遊券，如圖 1-1、圖 1-2 所示。這次活動的成交金額在短時間內突破人民幣 100 萬元。

圖 1-1　顏丹晨直播郵輪行

圖 1-2　顏丹晨直播發放優惠好禮

除了旅遊產業以外，電商產業也開始進行直播行銷了。例如，大佬微直播邀請酒仙網執行長郝鴻峰、微播易執行長徐揚、豐厚資本共同創辦人之一楊守彬參加的三期節目，引發觀看人數呈現階梯式成長，期間互動熱絡，形成良好口碑。其中，豐厚資本共同創辦人之一楊守彬在直播中還締造 521 萬人觀看的成績，引爆直播平台熱潮，奠定楊守彬成為投資界直播第一人的地位。

所以，任何形式的媒體或產業與直播相互結合，都將產生全新的化學反應，直播也不再只是一種個人秀場形式，更是一種企業行銷的模式。

## 直播顛覆傳統行銷

中國第一個手機直播平台——映客直播執行長暨創辦人奉佑生曾指出：「如今直播平台的發展是必然現象，而未來，直播平台的發展必將影響傳統電視產業的走向。」

例如，過去球迷想要看球就只能透過電視台收看，而在 2016 年歐洲國家盃足球錦標賽（UEFA European Championship）開賽的前幾天，前英格蘭國家代表隊隊長麥可．歐文（Michael Owen）就透過映客直播，在中國男子足球國家代表隊與哈薩克代表隊進行比賽時，和中國網友進行一場互動。

這場看似平常的直播活動，引發大量球迷及企業對直播產業的深思，人人都知道足球賽的版權是相當可觀的收入，現在這個形勢或許將會因為直播產業的存在而改寫。像映客直播這樣的手機直播平台，為使用者提供的是更加便利的直播方式。在將來，更多的企業、產業或將改變自

己的行銷模式，朝向直播發展。

在未來，直播將與影音網站結合，形成全新格局。而過去的電視節目在未來也可能透過手機直播與大眾見面，一切都只是時間早晚的問題。人們購買產品，也不再局限於網路購物、電視購物，直播購物的市占率也會直線爬升。

直播基於即時性、互動性，能創造出與過去傳統網路行銷完全不一樣的模式，造成的臨場感、立體感、體驗感等真實的感受，都會為企業帶來與眾不同的行銷效果。另外，直播主還會以自己強大的粉絲團為基礎建立社群，因而成為真正的直播自媒體（編注：也就是個人媒體），這也會加速改變傳統行銷模式。

無論你願意與否，直播時代都已經來臨了。直播最大的魅力就在於，你永遠無法知道下一秒會發生什麼。企業需要做的就是加入直播的大陣營，為使用者帶來更豐富的體驗，並更有創意地思考如何將自家產品及服務，和直播做出完美的結合。

## 解密一夕爆紅的直播現象

2016 年，中國有百餘家直播平台興起，各大媒體及影音平台，如 Instagram、臉書（Facebook）、YouTube、LINE

都相繼推出直播服務，以地理位置為基礎的行動社交軟體「陌陌」也將直播模組放置在首頁，可見其對直播的重視程度。一時之間，明星、粉絲、企業都在做直播。

直播是什麼？它代表什麼？為什麼會有這麼多直播平台崛起？又為什麼會有那麼多的公司在行銷中加入直播？

## 新的資訊傳遞媒介

直播是一種新的資訊傳遞媒介。顧名思義，直播是一種新的內容生產方式，直播平台則是內容聚合的新型平台，播報這個世界當前正在發生的事，屬於使用者產製內容（User Generated Content, UGC）的平台，亦即直播平台是以一般使用者自發生產的內容為基礎，並藉此引發人與有價值內容的關聯、人與人的關聯、人與商業的關聯，最終為使用者產製內容供應商創造商業價值。

過去的傳統媒介是什麼？無論是平面的報紙、雜誌，還是影片、電視廣播，或者是智慧型手機及各大社群平台，與上述各種傳統傳播媒介相比，直播更能直接地與使用者進行接觸。

直播傳遞的是更加鮮活，並且能讓使用者參與互動的資訊。例如，2016 年 7 月 8 日中國上映的科幻動畫影片《大魚海棠》，做為一部電影，宣傳是必備的環節。在過去，

電影的資訊傳播，依靠的是電視廣告、預告片、電影相關網站的贈票活動與廣告、社群媒體的口碑渲染等方式。直播出現後，豐富了宣傳行銷方式。

例如，《大魚海棠》剛上映時，主題曲已經成為流行曲目。在微博上，與《大魚海棠》主題曲有關的話題引起了廣泛關注。在美拍直播中，光是「大魚海棠主題曲」的活動就有 300 多萬人關注並參與。這活動並不是介紹這個電影主題曲的一般資訊，而是邀請使用者參與翻唱這個主題曲的直播活動，分別如圖 1-3、圖 1-4 所示。

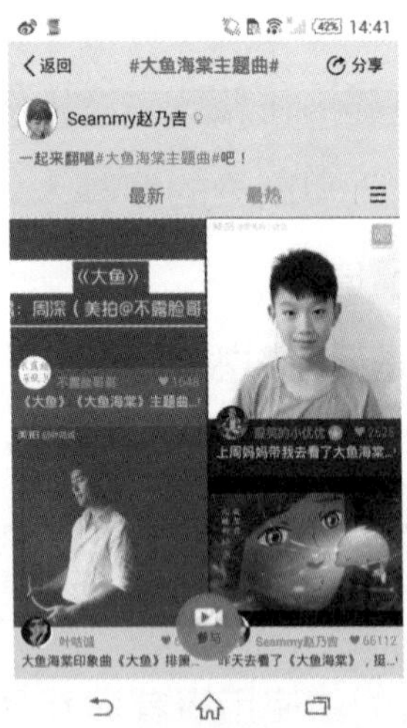



圖 1-3 《大魚海棠》主題曲翻唱直播活動

圖 1-4 使用者參與翻唱《大魚海棠》主題曲的直播

大量的美拍使用者紛紛在直播中翻唱這首歌。一時之間，《大魚海棠》的主題曲紅遍美拍。

這樣的資訊傳遞方式，豐富了往日的資訊傳播方式，為這部電影提升關注度，隨著主題曲的爆紅，電影的票房也節節攀升。

## 即時互動的社交方式

繼「草根時代，人人都是自媒體」的浪潮後，直播社交正成為時下最熱門的社交概念之一。臉書、微博、微信等社群平台的互動模式，從過去的曬文字到曬圖片，再從曬語音到曬影片，都有一個共同點，也就是延時、間接的互動，如圖 1-5 所示。

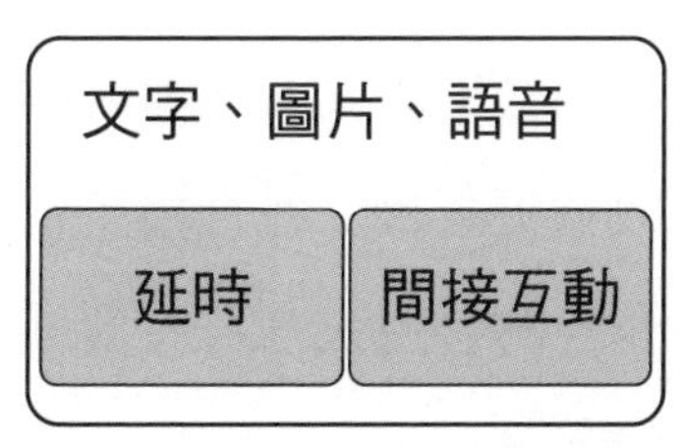


**圖 1-5　傳播社群平台共同點**

這樣的互動愈來愈難滿足使用者的需求，而影音直播平台恰恰能兩全其美。如圖 1-6 所示，影音直播平台中，使用者與直播主、使用者與使用者之間的交流即時化、扁平化、平等化、社交化，短時間內就能拉近人與人之間的距離。

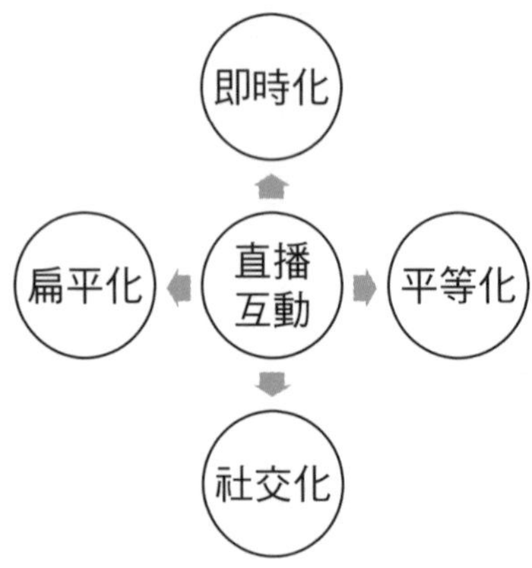


圖 1-6 影音直播互動的特性

例如，曾經有一段時間，電視選秀比賽是很多人實現明星夢的捷徑。而現在，只要你坐在電腦或手機前打開鏡頭，進行一場直播就可以達到幾乎相同的效果。與從前相比，影音直播成名的機率更大，參與的門檻也更低，而且背後帶來的經濟效益更直接。在直播平台上，基於其門檻低的特性，許許多多的普通人搖身一變成為直播主，一夜成名，擁有眾多粉絲。

在影音社交風靡的當下，網誌等以文字、圖片資訊為主的社群平台，傳播效用減弱；隨著當前流量資費下降、網速提高，影音直播變得愈來愈容易實現。影音直播平台的興起與普及，讓即時影像文字、圖片一樣，隨時生產，隨處可見。此時，影音直播平台已經不只負載娛樂功能，而是演變成為社交的資訊載體。

在直播過程中，使用者和直播主可以即時互動，透過彈幕留言（編注：影音網站裡讓使用者的即時評論內容，可彈射到螢幕上的系統。當文字在畫面裡流動，宛如射擊遊戲中的子彈，因而得名），直播主可以當場回答使用者的問題，例如 YouTube 的 Super Chat 功能讓超級紛絲可透過小額贊助，將本身留言以特殊色彩呈現，抓住偶像目光。這樣的互動、社交是使用者需求的，也是符合當前形勢的。

## 全新的娛樂行銷方式

直播不僅是一種即時互動社交的模式，更是一種全新的娛樂行銷方式。不僅個人可以透過直播來娛樂、推廣自己，成為明星、紅人，而且對企業而言更是一種全新的娛樂行銷方式，可以藉此來個性化推銷自己的產品。

如今，人們的消費方式已經轉變為更多元的彈性化需求，尤其是娛樂消費。面對這種娛樂消費狀況，企業也必須塑造出一種適合自身的娛樂行銷方式，而直播就是一種非常高效的娛樂行銷方式。

例如，魅族就瞄準直播的先機，打造全新真人秀直播節目《良品青年相對論》，聯合熊貓 TV（彈幕式影音直

播網站）、鬥魚 TV（彈幕式直播分享網站）、嗶哩嗶哩（bilibili，網友簡稱為「B 站」）等熱門直播平台，將科技、網路、娛樂、電影、藝術等各個領域最新、最潮的內容加以融合，產生奇妙的化學反應，為魅族的目標使用者社群「良品青年」打造有營養、有看頭的娛樂文化大餐，引發網路話題。

針對當前的各大熱門話題、事件，魅族也邀請一些知名人士參加直播。例如，2016 年 6 月的歐洲國家盃足球錦標賽期間，魅族就邀請北半球「球王」王濤、「啦啦隊女神」朱曉雯等參與「良品青年相對論」的話題，針對歐洲國家盃足球錦標賽進行別開生面的娛樂行銷直播，吸引大量線上使用者的關注，如圖 1-7 所示。

**圖 1-7　魅族「良品青年相對論」直播**

事實證明，這種「娛樂＋直播」的行銷組合方式正是未來企業所需要的，也會愈來愈被使用者接受。

## 從傳統媒體到新興平台，全都進入「直播時代」

顧名思義，網路直播是指在事件發生的過程中，同步進行「錄製」和「發表」，是一種具有雙向流通特質的傳播形式。與文字、圖片、語音相比，直播難以修飾，難以偽造，使用者體驗更加真實。

隨著行動上網的高速發展和第四代行動通訊技術（4th Generation mobile communication technology, 4G）的普及，參與感與代入感極強的直播正在更新人們對社交和媒體的定義及體驗。2016 年做為直播元年，連傳統媒體也已經走入「直播時代」。

### 直播打破媒體之間的界限

2016 年 6 月 15 日，花椒直播「融」平台策略發表會在北京舉行。花椒直播的總裁吳雲松在發表會上表示：「做為一個定位強明星屬性的平台，花椒直播已經累積大量優質的使用者和內容，並逐漸成為一個優質的媒體平台。接下來花椒將致力於打造『融』平台，與合作夥伴共同打造

一個開放、健康的直播生態圈。」

以媒介來說，「融」平台是指它打破媒體與媒體間的界限，具備「融合性」，不僅局限於個人使用者，企業使用者同樣可以透過直播平台生產出更多優質的內容，將直接內容商業化，推出更多新的行銷方法。

企業利用傳統媒介來行銷時，使用者往往只能透過文字、圖片、影片等平面化的素材去感受和想像產品特性。而直播則是透過更立體、真實的優質內容、多樣的直播形式，以及更好的直播技術等來體現商品。透過直播，企業可以提供更真實、立體的資訊，使用者可以獲得更優質的體驗，安全感和參與感也大幅提升。

無論如何，直播讓媒體之間再也沒有邊界。企業也好，個人也罷，可以用更低門檻進行直播，將企業的產品、服務巧妙加入直播內容中，再融合其他行銷策略，讓使用者在觀看直播中潛移默化地接受企業的產品和服務。

## 直播內容更加優質

為什麼直播會這麼熱門？為什麼直播這麼受歡迎？大家都愛看直播？原因不僅僅是互動，更因為直播的內容會更加優質。過去人們在傳統媒介中，雖然也是隔著螢幕，但卻無法更加全面、立體地看到商品，也無法與直播主即時互動。

例如，一個直播主如果在直播中兜售自己的東西，就必須全面詮釋這個產品，甚至要親自試穿、試用。當然，使用者在直播中，還可以透過彈幕留言提出更多的要求，直播主必須滿足使用者的需求，否則使用者就不會關注。

如此一來，直播主在直播中便不得不以使用者需求為優先來展示產品，這樣的直播內容一定會更加精彩、更加優質。

對使用者而言，之所以願意觀看直播，是因為直播播放的是跟隨著使用者意願的影片。使用者願意看明星、網紅按照自己的要求進行直播。使用者還可以透過按讚、送禮、捐獻（編注：網路流行用語為「斗內」，即 donate 之意）等方式，來選擇送禮物給自己喜歡的直播主。在這樣真實的場景裡，使用者感受到了直播的魅力。

## 直播與交易密切結合

除了內容的豐富性愈來愈進步之外，直播與交易的關係也愈來愈密切。

商家可以將自己的網路商家或產品購買管道嵌在直播畫面上，使用者如果在直播中對產品有所需求，就可以直接進行交易。

儘管有些直播平台還沒有做到這種功能，但是在直播發展愈來愈快的時代，這是必然的要求，也是直播又一大魅力所在。

在各大直播平台搶先起跑時期，為增強黏著度、培養使用者習慣，各家平台也更積極展現出泛娛樂性質。隨著第五代行動通訊技術（5th Generation mobile communication technology, 5G）網路的普及和使用者觀看直播影片習慣的養成，行動直播在其他領域還有更大的發展空間，比如線上教育、活動直播、電商導購等，從而在多領域深入發揮價值。未來，傳統媒體進入直播、全民進入直播也都指日可待。

## 直播的五大種類

目前的直播可分為多種形式，常見的有秀場直播、遊戲直播、行動直播、體育直播及活動直播，如圖 1-8 所示。下面我們來分類詳細介紹直播的類別。

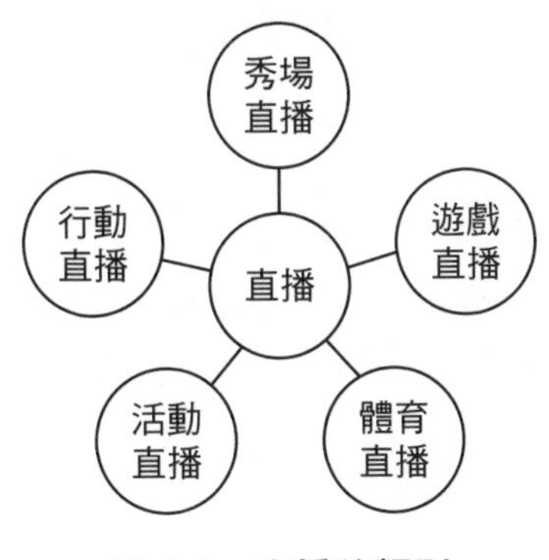


**圖 1-8　直播的類別**

## 秀場直播：從素人到網紅的誕生地

網路業界和資本市場對「平台＋直播主」的模式情有獨鍾。直播模式發展迅速，形成一種以秀場為主的直播領域，這個領域也順利通過市場和資本的雙重驗證。

秀場直播就是透過直播來秀自己。過去，身為普通、有夢想的年輕人，想要成名或是獲得粉絲支持，通常會參與門檻較高的選秀。先是從萬人海選中脫穎而出，然後進入區域晉級賽，最後決賽⋯⋯。

這樣的成名方式對一般年輕人來說是一件難事，但是在秀場直播中卻變得相對簡單。只要註冊一個直播帳號，就可以在電腦前、手機前表演自己的才藝，唱歌也好，跳舞也罷，都能獲得直播使用者的關注。

例如，秀場直播中較為知名的，包括優酷的來瘋，主打真人生活秀，來瘋主打的標語是「人生沒有彩排，每天都是直播」。

在來瘋秀場直播的「廣場」頁面，有很多才藝分類，比如「好聲音」、「舞蹈」、「脫口秀」等，如圖 1-9 所示。在這裡，只要你有才藝，甚至哪怕你沒有才藝，只是想要展現自己獨特的一面，就可以註冊一個直播帳號入駐平台，開始自己的「個人秀」。

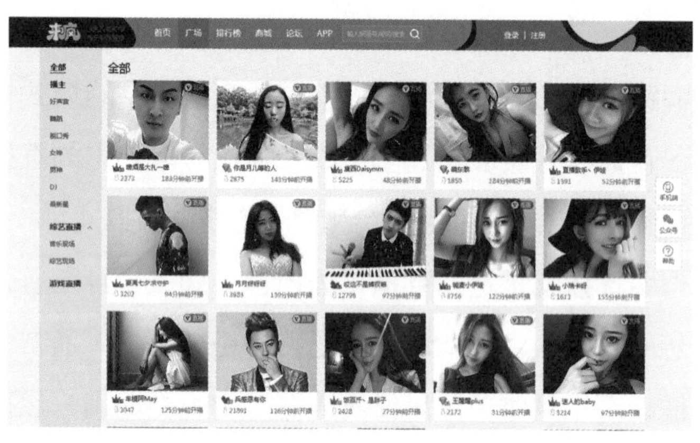


**圖 1-9　優酷的來瘋秀場直播廣場**

有一個叫「迷人的 baby」的直播主，在來瘋直播中，透過唱歌吸引大量直播使用者的關注，使用者紛紛送上小星星、鮮花等禮物。這位直播主也慢慢累積幾萬的粉絲，成為人氣直播主，如圖 1-10 所示。

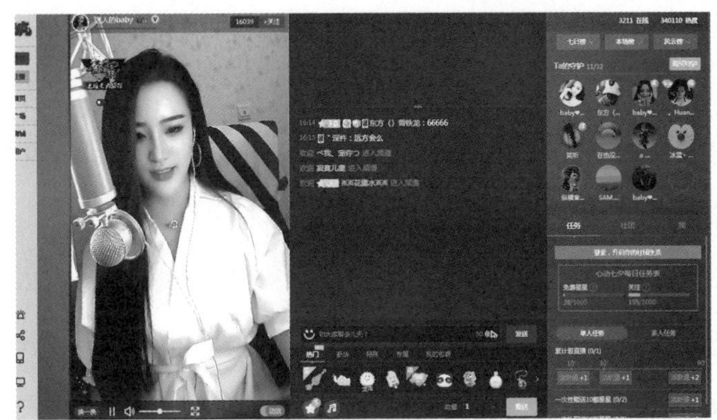

**圖 1-10　來瘋秀場直播中，一位直播主在唱歌展現自己的才藝**

同樣是展現才藝，秀場直播的門檻不僅較低，靈活性也很大。此外，只要有才藝，並且大膽或多樣化地展現，在秀場直播中就極有可能獲得高人氣，甚至還能賺錢，用另類的管道賺取可觀收入。

## 遊戲直播：戰鬥實況的彼此切磋

遊戲直播就是針對一些電玩競賽的戰況進行直播，遊戲玩家可以即時地觀看其他玩家的遊戲情況。遊戲直播平台是遊戲玩家的聚集地，使用者不僅可以在上面看到遊戲比賽的賽況，還可以從其他玩家那裡學習遊戲策略和技巧，並且可以贈送禮物給那些玩得好的遊戲玩家。

過去，玩遊戲就是純粹面對電腦裡的對手，或是與夥伴一起結盟，但是有了直播之後，可以和觀看遊戲的人即

時互動，使用者觀看時也能涉獵更多的遊戲技巧。

在遊戲直播中，最具代表性的直播平台就是鬥魚直播、虎牙直播等。例如，開啟鬥魚直播時，首先看到的就是占滿整個螢幕的遊戲直播資訊，如圖 1-11 所示。

鬥魚直播中進行著《英雄聯盟》（*League of Legends*）、《爐石戰記》（*Hearthstone*）、《魔獸世界》（*World of Warcraft*）等各式各樣的遊戲直播。如圖 1-12 所示進入《英雄聯盟》的直播主頻道，這位遊戲直播主被 100 多萬名使用者關注，他在鬥魚中直播自己玩《英雄聯盟》的畫面。無論在戰略或技巧上，這位遊戲直播主的水準都飽受推崇，期間還不斷和使用者互動，而使用者也送給他一些火藥、魚丸等武器。

**圖 1-11　鬥魚遊戲直播**

**圖 1-12　擁有 100 多萬名直播使用者關注的遊戲直播玩家**

有些遊戲使用者入駐直播平台後，每月能獲得人民幣上萬元的收入，由此可以看出，遊戲直播也是經濟效益極大的直播形式。

## 行動直播：和每個人生活在一起

行動直播主要是指智慧型手機行動端的個人直播；換句話說，使用者在手機上下載了專屬的直播平台 App，之後無論走到哪裡，只要有網路，都能隨時隨地進行直播。這樣的直播有一個非常明顯的優勢：靈活度較高。

映客直播是中國行動直播的典型代表。映客直播是目前中國最受歡迎的手機影音直播平台之一，無論是明星與素人使用者都可以成為「映客」。

2016 年 6 月 17 日，騰訊應用寶發表星 App 5 月榜，映客直播成功上榜。

圖 1-13　映客行動直播

以映客直播為主的行動直播注重的不只是靈活度，更是個人的自由性。例如，在映客，一位女生在吃飯、化妝、美容、上學的路上都在做直播，在這些直播活動中，不但累積大量使用者，還能不斷收到禮物，如圖 1-13 所示。

事實上，這樣的直播不拘一格，也是大多數年輕人喜歡觀看的生活化分享。隨著行動直播技術的發展，愈來愈多的企業開始展開針對行動端的直播行銷。

## 體育直播：和現場球迷一起嗨的即時體育賽事

體育直播恐怕是大家最熟悉的一種直播類型，主要是體育賽況的即時播報，其中中國較為大眾熟知的有直播吧和章魚 TV。

在體育直播中，使用者不僅可以看到最新的直播賽事，還能與直播主互動。使用者可以在直播中發送自己對支持隊伍的豪言壯語，還可以送紅包、禮物給直播主。

例如，在章魚 TV 直播中，我們可以看到整個螢幕都是關於體育賽事直播的資訊，如圖 1-14 所示。隨便進入一個直播間，比如在 2016 年 8 月 3 日上午選擇「九球世錦賽」〔編注：即為世界花式撞球錦標賽（WPA World 9-ball Championship〕的直播，在這裡即可看到最新的撞球比賽直播內容。

在直播中，直播主不但要講解賽事資訊，還會在賽事過程中播放音樂、唱歌助興，使用者觀看得高興，便會送紅包等禮物、發送彈幕留言給直播主，如圖 1-15 所示。

**圖 1-14　章魚 TV 的直播頁面**

**圖 1-15　「世界花式撞球錦標賽」體育直播**

尤其是在奧運賽事、歐洲國家盃足球錦標賽、世界盃足球賽等一些關注程度較高的體育直播中，上線使用者有時甚至高達幾千萬。

## 活動直播：引爆話題的企業大型現場活動

活動直播針對的主要是企業。例如，企業要舉辦大型演講活動、產品發表會都可以做直播。很多線上教育、線上美容教學等都在直播進行，透過直播可以讓更多使用者不需要在現場就能看到企業的活動。企業的發表會、巡迴說明會等，最適合做活動直播。

例如，2016 年 7 月 19 日，中國優酷出品的網路劇《十宗罪》舉辦了發表會。這次發表會與以往電影發表會不同的地方在於運用了優酷的直播，如圖 1-16 所示。

**圖 1-16　《十宗罪》發表會的優酷直播頁面**

透過這一次的直播，主持人根據網友的提問，即時向劇組傳遞資訊。劇組還根據網友的要求與他們即時互動，回答問題並做出各種回應。

這可以說是一場別開生面的網路劇發表會，取得的效果也很好，更為其他活動帶來直播的動力，讓網友在直播中感受到與明星的近距離接觸。

無論是娛樂賽事，還是企業活動，透過直播都可大幅影響後續的行銷效果。

## 打造話題、引爆訂單的企業直播

直播最初是以秀場為主的個人直播，但是隨著行銷的介入，逐漸成為企業的行銷新寵。對使用者而言，企業加

入直播做行銷似乎更有效，因為這可以促進使用者對產品的詳細了解。企業還可以在直播中加入更多的新鮮元素，迎合使用者，讓使用者為此打開腰包。

本節將介紹著名時尚品牌巴黎萊雅和媚比琳所展現的兩大直播行銷應用案例。

## 巴黎萊雅直擊坎城的爆紅直播

2016 年 5 月舉行的坎城影展，對很多影迷來說是一場盛宴。通常在這類盛宴中，人們關注的焦點往往在於紅毯上明顯的風光旖旎。事實上，對聰明的企業來說，這也是一次絕佳的行銷機會。

身為坎城影展主要贊助商的巴黎萊雅，自然不會錯過這個話題焦點，除了邀請旗下代言明星亮相之外，還嘗試一種新的行銷方式——直播。以下來看一下巴黎萊雅的具體操作。

首先，早在 2016 年 4 月下旬，巴黎萊雅在官方微博就發表一系列預告海報作為暖身，如圖 1-17 所示，並發起「零時差追坎城」、「坎城直播間」的話題，為活動吸引大量的關注者。

（編注：中國將「坎城影展」稱為「戛納電影節」。）

**圖 1-17　巴黎萊雅官方微博「零時差追坎城」系列直播活動海報**

2016 年 5 月 11 日，巴黎萊雅與美拍直播聯手，跟進當天的第一位代言人鞏俐空降坎城，並正式開啟「零時差追坎城」系列直播活動。隨後，巴黎萊雅旗下另外幾位出征坎城的代言明星依序到來，開啟全方位直播，並將活動關注度推升到最高潮。沒有專業攝影師與全程打光，也沒有精心編排的採訪稿，只透過手機與美拍直播，巴黎萊雅用輕鬆日常的對話，向觀眾即時直播這場電影與時尚盛典的各個環節。

透過這種直播模式，為更多消費者提供第二螢幕的參與機會，讓更多關注品牌、關注明星及關注活動本身的消費者有機會近距離參與其中。另外，由於直播具有即時互動的功能，透過巴黎萊雅這個品牌而聚集的使用者就形成一個即時社群，在觀看直播的同時，也能互動分享自己的體驗。這不僅有機會為品牌創造潛在的優秀傳播內容，更在品牌與消費者之間建立產品以外更加親密的關係。

其次，在巴黎萊雅這一次直擊坎城的直播中，還巧妙借助代言人置入廣告，廣告效果顯著。

在沒有導演和劇本的指導下，代言人在直播鏡頭中不留痕跡地置入廣告。例如，巴黎萊雅男士產品的代言人井柏然在直播專訪中習慣運用「見縫插針」的方式，為男士「巴黎萊雅保濕露」插播一則廣告（如圖 1-18 所示），隨後還為自己成功置入廣告而笑得前俯後仰，觀眾們紛紛評論「被萌了一臉」、「路轉粉」（編注：是指路人轉粉絲）、「趕快去買」等。

李宇春也在直播專訪中，介紹自己出門必備的美妝產品：「巴黎萊雅奇煥光采水光隔離輕墊霜」、「美眸深邃極細眼線水筆」及「花漾誘色水唇膏」。隨後，她甚至還在主持人的安排下，從一組口紅中輕鬆挑出自己使用的 701 號色巴黎萊雅唇膏，並做為主打產品，介紹給觀看直播的粉絲和使用者。

（編注：中國將「巴黎萊雅」稱為「巴黎歐萊雅」。）

**圖 1-18　巴黎萊雅代言人井柏然的直播**

整個「零時差追坎城」直播活動期間，巴黎萊雅與天貓旗艦店的官方微博也受到大量使用者的關注。另外，巴黎萊雅的官方微博還配合這一次的直播，在微博中發送明星妝教學，期間不間斷推送自己的產品。

透過這次直播，巴黎萊雅收穫大量的訂單和實力使用者，尤其是透過李宇春直播置入的唇膏產品，更是一度賣到缺貨。巴黎萊雅這一次紅得發紫、發燒的直播，可以說是透過直播行銷的成功案例。

## 媚比琳 × 美拍直播，引發訂單潮

2016 年 4 月，當紅明星 Angelababy 做為媚比琳的新代言人，出席媚比琳在紐約名為「Make It Happen」的發表會。

此次媚比琳在紐約舉辦的現場發表會，號稱「美妝 × 高科技的超強跨界」。在這次發表會中，媚比琳使用「美拍」直播的方式進行行銷，取得不俗的訂單銷售量。

在發表會中，Angelababy 與粉絲直播互動的同時，媚比琳也邀請了 50 位包括像是 dodolook、honeyCC 這樣的中國知名網紅進行現場同步直播，聲勢十分浩大。

在這次直播中，後台是粉絲最樂意觀看的直播空間。在後台的直播中，主持人與 Angelababy 大玩快問快答遊戲，讓粉絲與偶像零距離互動，福利多多，完美地向粉絲展現不一樣的 Angelababy。Angelababy 的這一次後台直播時間只有 21 分鐘，卻吸引 7 萬多名使用者觀看，而且得到 100 多萬的讚，同時有上萬人參與互動聊天，如圖 1-19、圖 1-20 所示。

2016 年 4 月 14 日傍晚，同樣是在參加媚比琳發表會的路上，Angelababy 當時在上海南浦大橋上塞車。但是，這個看似平常不過的塞車過程，卻被媚比琳的一位隨行員工用來直播，只是該直播以淘寶為主要平台。

這個直播畫面出現在使用淘寶手機用戶的「微淘」頁面（編注：微淘是在淘寶上開設店鋪的賣家，可以發表各種訊息讓訂閱粉絲看見的機制），直播主持人隨後很快就揭曉 Angelababy 接下來擔任媚比琳紐約品牌代言人的身分，並向觀眾傳達 Angelababy 在發表會現場的每個即時狀態。

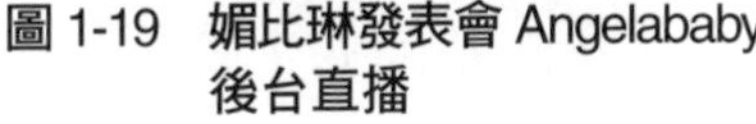

**圖 1-19　媚比琳發表會 Angelababy 後台直播**

**圖 1-20　媚比琳觀看直播人數暴漲**

如果只是這樣的話，我們可能並不覺得這一次直播有什麼獨特之處，但是有別於一般規則的地方在於：媚比琳這一次直接在宣布新代言人的直播頁面上販售口紅新品。使用者會在直播畫面中看見一個購物車按鈕，觀眾只要點選圖示，就可以把畫面裡出現的產品買下來。

這一次直播活動結束後的統計結果也超出媚比琳的預期，短短兩個小時的直播就帶來超過 500 萬人次的觀看次數，賣出 1 萬支口紅新產品，轉換為實際銷售額達到人民幣 142 萬元。

所以，直播愈來愈紅，在企業的行銷中，直播的力量不容小覷，企業只有巧妙利用直播做宣傳和行銷，才能抓住這個新的行銷趨勢，獲得最大利潤。

## 網紅直播間為深圳海岸城實體商圈帶來火爆流量

隨著網際網路的發展，很多實體店面逐漸陷入客流量減少的困境。對實體店面而言，不僅面臨電商壓力，還面臨吸引人潮的問題。如何讓消費者上門，是讓實體商家頗為頭痛的一大難題。但是，在直播變得熱門的今天，有些實體店面卻借助直播帶來更多生意，做得非常成功。

2016 年 9 月 10 日，試圖改良商圈基因的中國第一個網紅直播間在深圳海岸城設立。在網紅直播間和現場群眾效應雙管齊下的效果下，這次深圳海岸城總共吸引超過 25 萬人觀看直播，更達到 1,180.5 萬次的驚人點閱率，行銷效果遠勝傳統媒體，如圖 1-21 所示。

這個被稱為第一個商圈網紅直播間的場所，是由深圳星常態文化傳媒公司、湖南紅人堂文化傳媒公司聯合打造，並且與 YY、鬥魚、映客、花椒四大直播平台直播主合作，透過網紅陪你逛街、互動體驗、生活分享、粉絲抽獎等多種方式，向粉絲全方位展示商業綜合體的購物體驗。

**圖 1-21　各大平台當紅直播主齊聚海岸城**

以鬥魚直播為例，鬥魚當紅直播主李國仙和張琪格也現身該商圈，如圖 1-22 所示。她們同時掀起線上線下的人氣熱潮，讓海岸城商圈的到店人數與直播線上人數實現雙重成長，這種依靠網路直播帶來的廣告綜效，超出了傳統行銷的想像。

**圖 1-22　鬥魚當紅直播主李國仙和張琪格做客網紅直播間**

此外，在海岸城的網紅直播間中，還有更多直播平台的網紅直播主深入探訪店家，在這個過程中，直播主還親自進行各種體驗，如美食體驗、美髮造型體驗，這些都被全程直播，而且他們還與使用者即時互動，再加上商家專業的解說介紹，使得整個實體店面都在線上平台實地亮相。網紅直播主不僅現身實體店面體驗，還在直播中透過發送優惠券的方式，為粉絲謀福利，吸引線上粉絲前來海岸城商圈消費。這也充分實現了「產品—分享—消費」的完美循環，真正帶動實際消費的成長。

在網紅直播間中，購物模式從過去的被動式銷售，轉變為「陪你挑選，陪你購買」的主動式銷售。網紅直播主本身就有較強的娛樂互動和商品推薦能力，他們了解貨品的特點、功效，再配合專業導購的介紹，讓使用者印象深刻，容易產生依賴性，如圖 1-23 所示。在網紅的直播陪伴中，使用者也對實體店面產生某種感情上的聯繫，打破過去的單向行銷模式，更具親和力。

網紅直播間的出現也為網紅提供一種新思維。架設在商圈中心的直播間，全透明、集中性的關注，不失為一次吸引路人變成粉絲的極佳機會。流量即資本，有了人氣，網紅才有繼續發展的空間和可能。

**圖 1-23　中國人氣網紅小葵、郝佳禕、段亞蘭海岸城逛街直播**

此外，網紅直播間連結了網紅與實體店面，為兩者之間的合作提供便利性。網紅將商圈實體店面帶入直播中，網紅本身成為實體店面的「代言人」，網紅的粉絲就會化身為實體店面商家的消費者。這種新商圈模式將會愈來愈流行。

「網紅＋直播＋實體店家」的創新商業模式，不僅為實體商業提供新的思維，更以低成本和高轉換率（Conversion Rate, CR）來實現銷售的增加，這無疑是雙贏的局面。

## 直播浪潮的幕後推手

各產業參與者紛紛透過直播來展現自己，推廣自己和產品。

直播平台做為全新的網路影音平台，成為目前最熱門的一種新媒體形式，使得以「鬥魚」、「熊貓」、「映客」、「美拍」等領銜的網路直播平台頻繁出現在各類新聞中。直播已經成為不可忽視的一股力量，並且以迅雷不及掩耳之勢開始蔓延，直播到底為什麼會如此大受歡迎？以下就來介紹幾種最主要的原因。

## 外部智慧硬體的更新

隨著智慧硬體的更新，手機、平板電腦等行動設備愈來愈升級，人們可以更便利地進行直播。過去想要讓大家在影片中認識你，需要把拍攝的短片上傳電腦，然後發送到各個社群網站。

隨著智慧設備的更新和不斷升級，現在人們可以使用手機，隨時隨地即時互動直播，你在做的就是網路上正在發生的，例如你在上班的路上、捷運中、辦公室裡隨時隨地都可以直播。

另外，如果你是一個產品經營者，想要賣出你的產品，也可以透過智慧設備直播。例如，你主要經營的產品是一款最新的進口登山車，以往你需要拍攝照片或短片上傳到網路商店，而使用者就會透過你對產品的描述和圖片來選擇是否下單。如今，你不需要這些繁瑣的程序，只需要一支手機直播登山車，就能讓使用者以立體感觀體驗這款登山車的特色。在直播中，你可以親自試騎著這款登山車，可以選擇在不平整的道路、坑坑窪窪的地方、林間小道、操場等任何地方進行直播，全面展現這款登山車的特色與性能。

與透過幾張經過修飾的平面圖和幾個影片畫面相比，使用者透過直播會對產品了解得更詳細，也能顯著提高相關興趣，進而購買產品。因此，直播對產品的銷售會有很大的促購動能。

所以，外部智慧設備和硬體的更新是直播的動力，也是直播會被愈來愈多人接受的原因。

## 行動直播降低「大受歡迎」的門檻

隨著網速的提升、流量費用的下降，使得影音直播的門檻愈來愈低。直播可以說是全民的媒體，任何人都可以開直播。這種低門檻本身就能促進直播的渲染力，對於無門檻或門檻較低的東西，大家往往會蜂擁而至。

「小咖秀」App 剛剛開始興起時，只是明星在微博中發起這種對嘴型的娛樂活動，隨後便有很多企業平台都在做類似的業務。人們只要下載類似「小咖秀」這樣的 App 在手機上，就可以選擇自己喜歡的內容對嘴，並且上傳自

己的小咖秀影片。

比起一般人，商家更容易走入這個低門檻但卻十分受歡迎的領域中行銷，就如同前一波受歡迎的「微信公眾號」行銷是一樣的。

直播並沒有地理界限，幾乎沒有門檻，只要你有新意、有吸引力，就能透過手機直播獲得注目。

## 現代人的社交需求

行動上網的發展，讓愈來愈多人參與資訊的傳播。隨著直播門檻的降低，直播的內容也愈來愈豐富多樣，因為直播的即時互動性，也進一步滿足人們的社交需求，如圖 1-24 所示。因此，直播之所以會被廣泛接受，主要源於人們對即時與直接社交的需求。

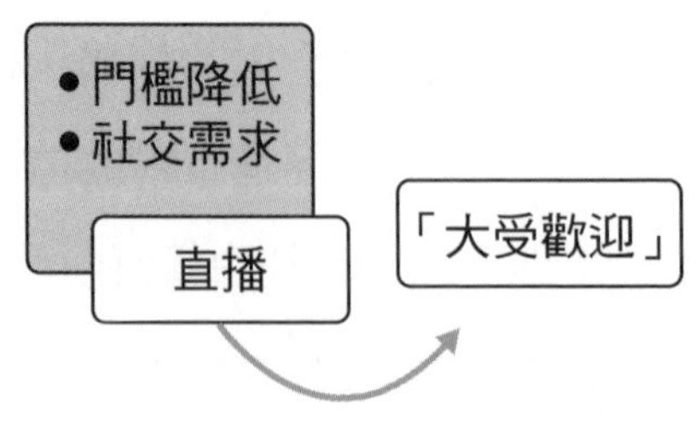


**圖 1-24　社交需求是引爆直播的直接原因**

2016 年臉書的 F8 開發者大會中，馬克・祖克伯（Mark

Zuckerberg）正式宣布開放 Facebook Live 的應用程式介面（Application Programming Interface, API）。（編注：該應用程式包含眾多功能，如 Facebook Live Map，可以從地圖上即時看到在世界各地直播的網友；紋面特效，可以用濾鏡美化直播介面；畫筆功能，可以用色筆在螢幕上圈選與標記……等。）

臉書由最初只提供給各種網紅或名人直播的「Mentions」功能，轉為向整個社群網路開放，也揭示影音直播的流行是因為人們對即時社交的需求。

在直播中，直播主會透過語音與正在觀看的使用者對話，回答使用者提出的問題。這是一種即時的互動。例如，一個明星開啟直播後，當場點名回答網友的問題，這種社交比現實更刺激、更有吸引力。對以往的粉絲來說，如果想要詢問明星問題，就只能在明星的微博中留言發表評論，但是往往會石沉大海，杳無音信，而直播則恰恰相反。因此，這種即時互動和社交需求能促進直播的發展。

# 破解直播的六大思維

- 行動思維：讓觀眾和你隨時隨地在一起
- 行銷思維：不只是分享，就是要你手滑下單
- 互動思維：所有的留言都想被看見
- 粉絲思維：把路人粉伺候成鐵粉
- 情境思維：拓寬情境生態，比仰賴「顏值」更有效益
- 體驗思維：隔著螢幕也能親歷其境

了解直播的概念和爆紅的現象之後，許多企業經營者往往會想要透過直播獲得利潤。不過，在此之前，各個經營者還必須明白，做直播要先了解直播的六大思維；換句話說，必須掌握直播的六大優勢與特點。只有掌握這六大思維，才能更巧妙、更嫻熟地利用直播行銷。

## 行動思維：讓觀眾和你隨時隨地在一起

首先，我們要了解的直播第一大思維就是行動思維，亦即隨時隨地進行直播，沒有界限、沒有門檻。行動思維的方式表現在兩個方面：沒有固定成本的免費直播，還有沒有固定場所的即時直播。

### 沒有固定成本的免費直播

無門檻是直播行動性的一大重要特色。現在大部分的直播平台幾乎都是不收費的，只要註冊一個帳號就可以成為直播主。使用QQ帳號、微博帳號、臉書帳號、電子信箱、手機號碼等都可以免費註冊。

註冊成功之後，每個人都有一個直播頻道。例如，在映客直播中，使用者會有一個專屬的映客帳號。使用者可以用這個映客帳號來做直播，如圖2-1所示。

圖 2-1　映客帳號介面

點選「直播」按鈕，然後進入直播流程，如圖 2-2 所示。首先，為直播撰寫一個標題，點選「開始直播」後，便進入直播狀態，如圖 2-3 所示。使用者可以將直播分享到 QQ、微博中，以擴大傳播範圍。

圖 2-2　為直播內容加一個標題

圖 2-3　映客直播介面

如果你是商家，就可以在自己的直播中全方位展示自己的產品，並且和使用者互動，完成你的潛在行銷，獲得潛在客戶。

幾乎人人都能直播，只要有一支達到硬體設備要求的智慧型手機就可以了。需要注意的是，千萬不要因為直播的無門檻和低成本，就以為任何人的直播都能獲得成功。因為不論什麼管道和平台，最先受歡迎的可能是形式，但最終還是需要優良的內容。直播的門檻雖然很低，幾乎免費，但是為什麼有些直播的參與人數高達幾百萬，甚至上千萬，而有些直播的人數卻寥寥無幾？重點還是在於內容。

因此，在行動思維下的直播裡，想要獲得良好成效，就必須遵循「免費＋優質內容」的模式進行。只有這樣的直播才能真正長久立足，獲取長遠的勝利。

## 沒有固定場所的即時直播

直播是 2016 年網路趨勢最重要的關鍵字，開啟社群網站，你會發現愈來愈多的人不再曬孩子、曬美食，而是會曬直播。映客、美拍、花椒、一直播等行動直播平台在社交圈裡廣泛流傳著，可是，當我們沉浸在行動直播的熱潮時，卻有許多原來的老牌直播平台，如 YY 直播、六間房、9158 等在逐漸沒落。

從個人電腦（Personsal Computer , PC）時代到行動上網時代，直播的範圍不斷擴大，從早期單一與固定場所的個人秀場、遊戲直播，發展到更廣泛的範圍，甚至包括吃飯、逛街，也就是所謂的泛娛樂直播。而行動直播的爆發，也讓行動端成為直播平台廝殺的主要戰場，早期於個人電腦時代興起的老牌直播平台，也在不斷調整策略，好適應新環境。

YY 直播、六間房、9158 曾是中國直播市場裡最早的一批開拓者，曾雄踞市場多年，占盡先機，卻沒有預想到行動上網這陣風會刮得如此迅猛，更沒想到直播會爆發得如此之快，於是只能被這陣風裹挾著，亦步亦趨地不斷調整腳步，以適應大勢。

如今直播的行動性愈來愈強，即使沒有固定場所也可以即時直播。例如，在韓國經營一家咖啡店的中國店長，就在小咖秀 App 中進行咖啡店的直播。這位店長拿著手機將咖啡店的環境及咖啡的製作過程全部進行直播，這種即時的直播方式，讓觀看者大呼過癮，也為該咖啡店帶來可觀的客流量，如圖 2-4 所示。

又如，在「一直播」中，新浪的美食團隊與「一直播」聯合開辦一場戶外的美食直播，透過戶外拍攝的方式，全程即時直播戶外進行的美食饗宴。在直播中，無論主持人或參與的客戶，在戶外玩得不亦樂乎，而且一邊享用美食，

一邊和觀看直播的使用者進行即時溝通與互動，深得使用者的喜愛，如圖 2-5、圖 2-6 所示。

圖 2-4　咖啡店店長直播咖啡店內場

圖 2-5　「一直播」戶外直播美食秀

圖 2-6　「一直播」戶外直播美食秀的食物特寫

不僅是美食可以戶外直播，很多服飾、運動器材等商家也都加入沒有固定場所限制的行動直播中。例如，運動器材的商家可以進行一場戶外的比賽直播，選用一般年輕人參與，親身體驗該運動。在直播中，直播主根據使用者要求，還可以做出各種驗證運動器材性能的動作，這樣一來，就能為運動器材商家帶來可觀的訂單。

與過去那種只能坐在電腦前推廣自己的產品相比，直播的即時性與無固定場所性為更多商家帶來機遇，也讓使用者在觀看的過程中可以全方位地了解產品。另外，無場所限制的即時直播也是未來人們的需求趨勢。未來會有愈來愈多的企業和平台將瞄準行動端直播，在行動直播領域開展行銷推廣。

## 行銷思維：不只是分享，就是要你手滑下單

彷彿在一夜之間，行銷界「變天」了，直播成為最新的行銷模式。幾年前，微博、微信等社群剛剛興起時，廣告人、公關人、品牌人開口閉口不離「社群媒體」，而現在熱烈討論的對象已變成直播。如今，直播已經不再是單純的個人秀場，而是名副其實的行銷工具。

直播的一大特色就是行銷功能。為什麼會這麼說呢？

先來看幾個在娛樂圈裡依靠直播帶來行銷佳績的事例。王寶強的新電影《大鬧天竺》的現場發表會就是在 20 家直播平台上進行，隨便開啟一個主流行動影片 App 都可以看到關於該電影的直播；劉濤為網友直播《歡樂頌》發表會的現場實況，還演唱自己的新歌《說不出口》，觀看人數太多，一度造成網路癱瘓；2016 年兒童節，劉燁帶著一對兒女也開了直播，兩個小傢伙在直播中又唱又跳，五十分鐘內一共帶來驚人的 2,300 萬人瀏覽……。

這些直播帶來的結果，就是電影票房的升高、電視劇收視率不斷上漲、個人知名度大為增強，這種現象也證明直播是一種實實在在的行銷手法。本節將介紹直播這個行銷思維的特點。

## 直播的「戲劇性」反而帶來行銷效果

有人的地方就有行銷，匯聚如此龐大人群、尤其是年輕人的直播平台，自然也成功也引起商家的注意。事實證明，直播與行銷是不分家的，不僅直接相關，並且共同創造利益。

在這方面表現最突出的，莫過於小米的創辦人雷軍。

2016 年 5 月底，小米拋棄傳統的產品發表會場地——國家會議中心、新雲南皇冠假日酒店（Crowne Plaza Hotel），第一次舉辦一場純線上直播的新品發表會。在某個小米辦公室裡，雷軍透過十幾家影音網站和手機直播 App，發表傳聞已久的無人機產品，如圖 2-7 所示。

**圖 2-7　雷軍直播無人機**

即便在直播過程中，這款無人機出現戲劇性的發展——突然下墜炸毀，導致現場一陣混亂，如此意外令人瞠目結舌，但是這並未妨礙雷軍獲得大量粉絲，同時也增加了小米和無人機的曝光率。

透過上述小米的案例可以看出，透過直播做產品發表會或介紹產品有很多的好處。首先，能節省場地租賃與搭建費用，如果發表會盛大，節省的費用會相當可觀；其次，大幅提升使用者參與度，每個人都可以透過彈幕留言向雷軍提問，而非只有受邀的名人和媒體。

因此，直播與行銷是直接相關的。不過，像雷軍這樣進行產品發表會直播並不是誰都能做的，最大門檻是擔任直播主的企業執行長的臨場發揮能力，畢竟不是每個老闆都具有雷軍的條件。在做直播行銷時，企業必須牢記，不僅要有強烈的臨場應對能力，還要兼具幽默風趣的好口才。

做到這些，才能真正地駕馭直播行銷，真正讓你的產品和服務透過直播被大眾接受，進而為之埋單。

## 置入產品，現場下單

萬事萬物皆可直播，包括不公開／半公開的企業活動或產品，都可以進入直播的鏡頭。在直播中置入產品，巧妙行銷，讓粉絲現場下單，屬於直播行銷的特色之一。

2016 年 5 月的坎城影展中，巴黎萊雅透過直播明星機場、紅毯、化妝、後台等方式，巧妙置入巴黎萊雅產品，獲得巨大的成功。明星在直播中巧妙置入產品，例如代言人鞏俐在直播中大秀自己的化妝包，於是巴黎萊雅的產品就映入觀看直播的使用者眼中；李宇春甚至在直播中直接推薦自己使用的一款巴黎萊雅唇膏……這種直播直接導致天貓巴黎萊雅旗艦店的明星同款產品賣到缺貨。

又如，2016 年 3 月，以性感、舒適著稱的美國時尚內衣品牌凱文克萊（Calvin Klein, CK）在推特（Twitter）的直播平台 Periscope 上，直播它極具指標性的 2016 年秋季廣告大片製作全程，包括模特兒選秀、幕後花絮等。

凱文克萊的這次直播，所有鏡頭都是透過 GoPro 相機和 iPhone 完成，讓使用者猶如身歷其境。凱文克萊的行銷長（Chief Marketing Officer, CMO）認為，即時直播不容易後製修飾，因此會讓使用者看起來更真誠，對品牌更加嚮往。

另外一家老牌企業對企業（Business-to-Business, B2B）公司——奇異公司（General Electric, GE）也參與了直播行銷。早在 2015 年 7 月，奇異就推出一場為期五天的無人機直播，從美國東岸到西岸，在五個不同地點針對五項業務現場，如深海鑽井、風力發電等進行全方位掃描，從幾百公尺的高空俯瞰白色的奇異風力渦輪機。這款無人機竟然還捕捉到站在這個白色龐然大物上自豪揮手的工人。同時，奇異也在社群媒體上，解答觀眾的問題，比如說：「工人們站在百米支架上工作，要如何克服恐懼？」整個直播過程激發使用者對奇異的科技和公司的興趣，甚至很多使用者都當場詢問購買與使用等相關資訊。

現在是社群時代、直播時代，行銷強調的是人性化。在直播中透過聊天的方式置入產品和服務，然後再透過聊天的方式介紹產品和服務，如此一來，直播主與使用者分

享產品和生活點滴的同時，也會與使用者形成更密切的社群關係。在這樣的氛圍中，行銷自然水到渠成。

## 互動思維：所有的留言都想被看見

雖然業界對直播行銷的探索還處於初步階段，但是已經形成一點共識：直播最大的優勢在於讓使用者參與其中，形成一種互動關係，甚至可以做到零距離互動，而這是其他平台無法比擬的。

在我們的一般思維中，直播的互動模式可以分為三種：留言、打賞、送禮物。

實際上，這些都只停留在表面，並沒有將直播的即時互動性體現得淋漓盡致。本節將深入介紹直播互動思維的相關知識。

### 從打賞留言到深度互動

很多直播主往往覺得只要自己的粉絲夠多，就不必與粉絲有太多個人化的互動。有些使用者的問題無法獲得直播主回答，或是直播主很久之後才回答，這樣就會消磨使用者的耐心，甚至會導致使用者取消關注。

因此，直播的即時互動不應該只是一句口號，而是應該切實與直播主相關。直播主一定要即時與使用者互動。

在直播主增強彼此間的互動之後，才能帶動使用者的參與度，讓使用者得以積極地繼續捧場支持。

彈幕、打賞等只是淺層的互動，本身雖然也能吸引使用者進入直播間，但是想要更獲得使用者的喜愛，直播主應該進行深度互動。直播主可以在展示的同時與觀看者深度交流對話，如回應使用者提出的意見，會讓使用者獲得更多的滿足感。

隨著愈來愈多的品牌，尤其是大品牌直播行銷的巨大效應，新的行銷新時代揭開序幕，直播也將會有新的展現方式。

淘寶推出了淘寶直播平台，在淘寶直播平台的發表會現場也進行了直播。在這個直播中，乍看會以為這是某個綜藝節目的女神卸妝單元，但事實上這是 2016 年 7 月 9 日在阿里西溪園區舉辦的「2016 年阿里行銷產品新風向」活動現場，這一次活動對淘寶直播、團購網站「聚划算」、虛擬貨幣平台「淘金幣」等行銷平台的新玩法做了介紹。阿里巴巴還請來巴黎萊雅中國電子商務總監蔡軼軒與網紅余瀟瀟搭檔，現場直播美妝產品的使用過程。

如此安排的互動環節，讓與會商家更直接地感受到淘寶直播「邊看邊買」的特性。在直播過程中，淘寶直播的「店小二」古默向使用者介紹直播主的「選拔」機制與新版的變化。淘寶直播除了直播間冠名、設置商品櫥窗、訂購虛擬禮品等功能外，還具備直播主與使用者影音連線等新功能，如圖 2-8 所示。

圖 2-8 「淘寶直播」介面

這次發表會不僅讓觀看直播的使用者看到淘寶直播的強大功能，更吸引諸多商家註冊直播帳號，行銷自己的產品及服務。

### 根據使用者需求直播，增強黏著度

直播的互動性還體現在直播必須根據使用者的需求進

行直播，這樣才能真正增強黏著度，讓直播使用者成為企業的客戶。

我們看到在很多平台上的當紅直播主，觀看數量都在十幾萬，甚至百萬以上，開啟他們的直播後，你會發現這些直播之所以會受人歡迎，是因為他們「聽話」，也就是聽使用者的話，即時根據使用者需求進行直播。

企業也巧妙地抓住這一點，進行個性化直播。2015 年 4 月，以搞怪著稱的男性護理品牌 Old Spice 在遊戲直播平台 Twitch 上進行一個奇怪的直播：他們找了一個人到野外叢林中生活三天，而且他的行為完全由觀眾控制；換句話說，這個人要做什麼完全都是使用者說了算。所有的觀眾都可以透過聊天，輸入上、下、左、右等按鍵來控制人物的下一步行動，然後統計所有玩家的選擇，票數最高的動作就會成為當事人的下一步行動。

又如，在很多涉及產品行銷的直播中，使用者會有自己的要求，如「試一下嘛」、「給我們看一下特寫嘛」等。這些問題其實很簡單，只要滿足使用者的需求，使用者就會繼續觀看，繼續觀看就能了解更多企業產品的內容與產品特色，接下來很可能就會下單，達成交易。

2016 年 6 月 25 日晚間，相聲大師馬季的兒子馬東打造的網路綜藝節目《飯局的誘惑》前導片《飯局前傳》，在鬥魚 TV 直播平台上線，線上觀看人數瞬間就達到百萬等級，被業界認為是一場「直播＋綜藝」的革命，詮釋綜藝直播的新模式，如圖 2-9 所示。到底馬東在直播中運用了什麼方法？

圖 2-9　《飯局前傳》的鬥魚 TV 直播頁面

馬東認為，《飯局的誘惑》中所有的事情都是圍繞著「有趣」來做的，而「有趣」則是透過使用者的需求而定。

鬥魚 TV 和馬東合作打造的《飯局的誘惑》是直播的新玩法，讓不同的新血注入直播產業中，並且讓內容不斷向使用者需求靠攏。

在《飯局的誘惑》直播過程中，馬東會根據觀眾回饋的彈幕資訊，對節目中的一些環節進行調整。每個觀眾可以說都是節目的導演，決定直播節目的走向，這種參與感幾乎是以往的綜藝節目所不具備的。

只有這樣根據使用者需求來進行的直播，才能獲得更強的黏著度，讓直播更有吸引力。

## 粉絲思維：把路人粉伺候成鐵粉

「客戶就是上帝」，這句話在傳統企業裡十分流行，而在網路企業中也依然有效。只是在如今的行動上網時代，尤其是直播當道的時期，改為「粉絲就是上帝」會更貼切一些。

小米正是因為注重粉絲，而成為一個極具年輕活力及親和力的企業，因此應該說是「米粉」促成小米的佳績。套用雷軍的話來說，就是：「小米經營的不是產品，而是粉絲。」

在直播行銷中，粉絲思維是十分關鍵的一點，粉絲思維可以說是直播之所以能夠大受歡迎的主要原因。只有將粉絲思維發揮到極致，才能在直播上大放異彩。阿里巴巴的創辦人馬雲曾說：「在互聯網中，沒什麼是不可以的，只要你把使用者『伺候』好。」

的確，在直播中，只要將粉絲「伺候」好，就能獲得「真愛粉」，而這些「真愛粉」正是維繫直播的原動力。

沒有粉絲，就沒有直播，更談不上直播行銷，因此做直播就必須具備粉絲思維。

## 鞏固直播主和粉絲的感情

沒有基礎粉絲，直播就很難成功，因此任何形式的直播都要以粉絲為前提。要如何維繫直播主和粉絲的關係，就成為直播的重要問題。首先，直播主要在內容、方式、說話等各方面精準到位，以吸引粉絲；而粉絲則會透過按讚、送「花」、送「汽車」、送「遊艇」等各種方式獎勵直播主。

這種透過「花」、「遊艇」等獎勵直播主的方式可以有效維繫直播經營，也是很多直播獲利的來源之一。

例如，我們開啟映客直播，進入一個直播間，在螢幕下方點選禮物盒，裡面是使用者（也就是直播粉絲）發送給直播主的禮物列表，有「火炬」、「櫻花」、「冰塊」、「西瓜」、「紅包」、「鑽戒」、「跑車」、「遊艇」等，如圖2-10所示。每個禮物的價格都不一樣，可以透過儲值來購買。

圖 2-10　「映客直播」中的禮物

不是所有使用者都會送禮物，不送禮物的使用者也可以按讚、按愛心。當然也會有很多默默路過的人，什麼也不送，而這樣的使用者對直播主來說就是「殭屍粉」，雖然他們不會送禮物，但是卻可以為直播主站台、拉票及累積人氣。

雖然粉絲在直播中可以看到直播主，直播主卻看不到粉絲，但是想要讓粉絲留下，依然有技巧。想得到粉絲的禮物，就可以為粉絲製造驚喜、浪漫。假如你是一個商家，在粉絲送很多禮物時，你就可以給粉絲優惠或驚喜，例如可以舉行抽獎等活動，增進粉絲和直播主的感情。

## 讓明星擔任直播主

如今，有愈來愈多的明星走入直播。一開始，很多明星開直播是為了獲得更高的知名度，後來有很多的廣告商紛紛找上明星，讓這些明星參與自家品牌的直播，為產品累積粉絲。

2016 年 3 月伊始，各大電商火力全開，集體搶奪流量和使用者。在這場混戰中，「網路＋娛樂＋直播」成為電商平台的新潮流。電商已經從營運貨品走向營運內容，再以內容為樞紐觸及人群，最終轉換成訂單。

2016 年 2 月 29 日，聚美優品率先舉辦主題為「星美聚，尚無界」的「2016 星之美頒獎」盛典，為「聚美 301」六週年慶典大促銷揭開序幕。同時，聚美優品與騰訊雲聯手，讓晚會全程進行線上直播。聚美優品 App 也上線直播互動內容，持續吸引使用者流量。一邊是晚會明星，一邊是網路直播主，「電商＋互動直播」的粉絲行銷已經正式開啟。

「星美聚，尚無界」的頒獎盛典現場星光閃耀，不僅有好萊塢巨星傑森 · 史塔森（Jason Statham），還有韓國的 PSY、李光洙、尹恩惠、鄭秀晶等明星，更有中國當紅小生鄭愷、賈乃亮等諸多明星登台表演。

晚會還設有許多綜藝屬性的遊戲環節，喚起粉絲的觀看熱情和購買欲望。促銷活動開始的一小時，聚美優品平台的銷售額就突破人民幣上億元，當日總單量比去年成長 95%。

這次聚美頒獎典禮的互動直播，在手機端和個人電腦端的影像擷取、內容傳遞網路（Content Delivery Network, CDN）均由騰訊雲提供。觀眾可以透過手機 App 觀看直播主，並且即時按讚、進行文字聊天、彈幕和打賞等互動交流。

隨著 4G 網路的普及與 5G 網路的到來，互動直播行銷被視為下一個趨勢。為了順應這個趨勢，聚美採取「粉絲經濟」的形式，在聚美優品 App 中融入直播潮流。

在聚美優品 App 的下方功能表列中，有一個「直播社區」的選項，如圖 2-11 所示，點選此處即可進入聚美直播頻道，如圖 2-12 所示。

圖 2-11 聚美優品 App 首頁

圖 2-12 聚美優品 App 直播

建立直播頻道後，聚美優品更是看到粉絲的力量，於是邀請大量的明星擔任直播主，進行聚美促銷的直播。例如，周迅、劉昊然、賈乃亮等人都曾擔任聚美優品的直播主，吸引大量粉絲的關注。

2016 年 8 月 1 日，當紅明星劉昊然成為阿芙精油的代言人，而阿芙精油與聚美優品有很密切的合作，於是劉昊然代表阿芙精油走進聚美優品明星直播間。在直播中，劉昊然面對面和大家暢談，分享他的生活與護膚保養心得。

劉昊然在聚美優品的直播引起巨大迴響，吸引數百萬人觀看直播，粉絲更是極為熱情，如圖 2-13 所示。

**圖 2-13　劉昊然在聚美優品直播**

在直播進行的過程中，劉昊然還在現場「發紅包」，為粉絲帶來精心挑選的幾款秒殺商品，包括阿芙精油氣墊 CC 霜、深層補水又高效保濕的限量版精油面膜、阿芙薰衣草精油舒緩眼罩。此外，他還特別準備聚美優品特別版阿芙精油禮盒等。

可見，聚美優品已經對透過明星擔任直播主的方式相當嫻熟。的確，這樣的方式會吸引大量的粉絲，獲得大量的關注，同時也能為聚美優品和旗下入駐的產品帶來真正的效益。

## 從「大眾網紅」到「垂直網紅」的號召力

現在的主流消費者——七年級生、八年級生皆成長於網路時代，他們的消費觀念和方式與前一代的人相比，已經發生了很大的變化，他們更重視生活態度，消費方式與目的也更趨於個性化、社群化。

因此，「垂直網紅經濟」孕育而生（編注：網紅可分為「大眾網紅」與「垂直網紅」，前者為受廣泛大眾喜愛、提供娛樂性質或心靈啟發的網路名人，後者為特定領域的意見領袖或資深人士，因此「垂直網紅」代表的粉絲群雖然總數較大眾網紅為小，但往往凝聚力更強）。這種網紅經濟的號召力是消費領域的一種體現，更是一種社群行銷模式的崛起。

新生代消費者愈來愈分眾化，獲取資訊的方式也有所改變，往往依靠網路平台，以社群化形式存在。這和以前的大眾化消費習慣大不相同。垂直網紅經濟可以促使更多的使用者依照興趣、價值觀等面向進行細分，幫助實體企業理解這些分眾化的需求。

如前文所述，位於深圳的中國第一個網紅直播間於 2016 年 9 月 10 日到 11 日開播，在深圳海岸城掀起一股網

紅熱潮，讓整個深圳海岸圈達到 1,180 多萬的流量。

那麼這個網紅直播間到底是怎麼做到的呢？莫過於網紅依靠著自身的粉絲效應所帶來的社群行銷。

如 YY 直播的當紅男直播主「畢加索」（「老畢」），這位以搞笑脫口秀為主的超級網紅在 YY 直播的每一場直播，上線人數約為 5 萬至 10 萬人，可以說是力量非凡。2016 年 9 月 10 日，他出現在深圳海岸城商圈的網紅直播間，瞬間就吸引不少粉絲前來現場圍觀，而線上直播的人氣也達到平常的 2 倍，如圖 2-14 所示。

**圖 2-14　YY 人氣直播主「畢加索」與粉絲合照**

「老畢」的到來不斷創下線上線下的人氣新高，從活動效果來看，不管是當日到店人數，還是線上人氣，都有了大幅成長，主要就是依靠「老畢」本身的社群效應。

可能有很多人無法理解這種網紅社群效應，事實上網紅的粉絲不單單是關注和喜愛網紅這個人，粉絲還會追隨並模仿網紅的生活方式，包括吃穿住用與消費行為，好從網紅身上獲得生活態度上的共鳴，而消費也就在這個過程中自然而然地發生了。網紅的粉絲會凝聚在一起，跟著網紅的腳步前進，這也充分彰顯出網紅經濟的力量。

傳統的明星代言或借助明星促銷，主要就是藉由粉絲來增加消費比例，而垂直網紅更能夠幫助商家迅速精準地找到消費者，實現精準的社群行銷轉換。這種成本更低的「網紅＋社群」的行銷模式，效率相對會更高。

## 情境思維：拓寬情境生態，比仰賴「顏值」更有效益

實際上，無論直播以什麼形式開展，都涵蓋了多元化場景的探索。有人認為，直播在未來更像是一種「標準配備」，是與使用者連結、互動的重要管道，所以直播幾乎可以適用於任何一個產業。

很多直播之所以會在短時間內吸引注意力，但是又很快銷聲匿跡，主要是因為沒有實質的內容，只是依靠著純粹的「顏值」。想要在持續性、商業變現上獲得良好的成果，直播還應該注重拓寬情境範圍，滿足使用者的特定需求，

打通從直播到獲取服務、資訊的循環，以形成完整的情境生態。這也是未來直播的特色之一——情境特色，就是用直播開啟情境行銷。

「情境行銷」（Context Marketing）已經是各個產業都在熱烈討論的概念。在行動時代，「情境」乃是距離使用者需求最近，也更容易激發使用者的關注和參與的熱情。藉由遊戲電競起家的鬥魚 TV 率先拋出「直播＋」的策略，就是讓直播進入人們各個生活場景中，與使用者需求更緊密地融合在一起。而這也表明直播已經從初步崛起進入了深層扎根，將滲透到各個產業和領域，並且孕育出一大批知名直播主，也必定會創造更大的商業價值。

## 視覺刺激昇華情境價值

在行動上網時代，人們花費在網路上的時間愈來愈多，會更常透過手機螢幕了解和認識整個世界，而直播是連結手機螢幕前的人們與現實世界之間的時空穿梭機。只需要輕輕點選，就可以置身於你想去的情境中，這樣不但酷炫，更節省大量的時間、金錢及精力成本。

在古代，從南到北做買賣、四處奔波，會有幾個月的時間都浪費在路上。現代人從東半球到西半球也不過一天就夠了，直播更能搭設出一扇神奇的大門，讓客戶不需要移動半步，即可實現「情境轉移」，創造驚人的視覺刺激。

愈來愈多直播平台現在正積極實現「情境革命」（編注：中國稱為「場景革命」，因與羅輯思維聯合創辦人吳聲的著作同名而成為火紅名詞），擴大直播內容的廣度與深度，讓直播真正成為連結人和各種情境的虛擬紐帶，讓網友可以置身於各種不同或是難以到達的情境裡。

使用者可以透過這種方式來增長見聞，足不出戶即可遊歷萬里。不難看出，直播的本質不只是一成不變的個人秀場，還存在著更深層的意義——多元「情境」的伴隨，並且因此蘊含著強大的生命力。

直播打造出的視覺刺激並非一言所能概括，這裡以全民 TV 這個直播平台來進行簡單概述。

全民 TV 是一個側重遊戲直播、全民直播的直播平台，提供新鮮、有趣的高解析度影音直播及電玩遊戲等各類熱門遊戲直播。全民 TV 直播平台的宗旨是打造真正尊重觀眾、真正尊重直播主的直播平台。

全民 TV 率先發展戶外直播，致力於情境行銷，以帶給使用者視覺震撼。假如你很想去某個城市，卻因為種種原因而無法親自前往，沒關係，這時候你只要在全民 TV 中點選該城市的戶外直播主，就可以在這位直播主的帶領下領略該城市的風土民情。例如，在全民 TV 直播的戶外頻道中，

有一位名叫「瘋狂的行者」的直播主，開設「戶外直播徒步橫越中國」的直播，他徒步到達陝西漢中，讓使用者隔著螢幕甚至就可以聞到這個城市的味道。這個直播獲得 17 萬的瀏覽，如圖 2-15 所示。這種直接帶來視覺感觀震撼的直播行銷，是全民 TV 的一大優勢。

**圖 2-15　全民 TV 直播中徒步橫越中國「漢中」的系列直播**

還有一些大型發表會，由於客觀條件的限制，粉絲無法到場。但是，戶外直播可以消除這個遺憾。就主辦方而言，戶外直播讓更多的觀眾能夠即時觀看，讓發表會的影響力擴大。戶外直播的興起，豐富了直播內容，吸引愈來愈多的觀眾。

同時，為了進一步讓使用者感受到場景視覺上的刺激，全民 TV 還將各行各業的菁英或明星請到直播中，使用者甚至可以和明星一起用餐、一起逛街、一起聊天；而如果你是商家，也可以透過全民 TV 在直播中置入廣告，而獲取可觀收益。

因此，帶有情境特色的直播會為使用者帶來更深刻、更具內涵的體驗，增添直播在行銷層次的魅力。

## 加入虛擬實境的立體場景

傳統的媒體管道多數是是靜態的、固定的、單一的，而直播加入了更多互動、分享的社交元素，使得消費體驗動態化。

直播的屬性天生帶有互動性質，但是這種互動性質並沒有在最初出現的電腦視訊互動上得到廣泛推廣，這讓直播向行動端的遷移就顯得順理成章。這為商業模式的介入提供諸多可能。

傳統的個人電腦視訊，商業模式進入時，只有當人們坐在電腦前，直播的過程才能進行。但是，當直播遷移到行動端時，隨著技術的發展，商業模式呈現出非常強烈的社交屬性，碎片化的分享、互動等社交要素逐漸成為行動直播的標準配置。這也就讓商業模式擴展到很多的領域。例如，很多電影、選秀等互動性極強的商業活動情境，延伸範圍就大幅擴展了。

當前，隨著虛擬實境（Virtual Reality, VR）技術的崛起，與直播結合成為現在新商業情境的趨勢。

在當前數百家直播企業中，虛擬實境直播正在以一種全新的視角來完善行動直播體驗。透過結合當下最流行的虛擬實境技術與手機直播，直接把手機直播產業提升了一個層次，開啟全新的行動影音直播方式，為使用者帶來的更是一種全新的立體情境體驗。

2016 年 6 月 7 日，花椒直播平台宣布推出全球第一個虛擬實境直播平台，並且讓花椒虛擬實境直播專區上線。這也是中國第一個可以真正大幅實際推廣的直播頻道，也成為當年「虛擬實境元年」的一個里程碑。

在花椒虛擬實境直播中，硬體、軟體基本上是技術驅動，這也是虛擬實境較為明顯的特點。例如，花椒直播已免費發放價值人民幣 5,000 萬元的硬體設備，包含 10 萬支虛擬實境眼鏡和 1,000 套虛擬實境拍攝設備，這些都是技術驅動的表現。

花椒直播邀請明星柳岩參加直播，吸引 700 多萬人線上觀看，55 萬人按讚，其內容之火紅、話題性之強，就連柳岩本身及花椒直播企業都沒有預料到，如圖 2-16 所示。

在硬體方面，花椒直播與蟻視聯手推出花椒虛擬實境蟻視眼鏡、花椒蟻視虛擬實境鏡頭，適用於各種機型的智慧型手機螢幕，擁有更大的視角，並且畫面不會變形。未來，虛擬實境可以容納影視、新聞現場採訪、事件發表會、體育賽事、選秀現場、脫口秀娛樂、虛擬購物、虛擬旅遊等產業的內容，延伸的範圍將會更廣。

**圖 2-16　柳岩在花椒直播的主頁**

在直播中利用虛擬實境技術，不僅可以讓使用者感受到立體情境的體驗，更能激發「情境消費」，因此將成為一種獨特又強而有力的行銷方式。

## 體驗思維：隔著螢幕也能親歷其境

想要做直播行銷就離不開體驗，而體驗正是直播行銷的一大特色思維，也是一大優勢。直播是以現場實況影音的方式，將所欲展示的內容全面開放給使用者。在直播期間，企業的行銷手段可以非常多樣化，只為了帶給使用者更佳的體驗。

## 不只硬體流暢，「軟體」更要流暢

有許多直播在使用者觀看時會十分不流暢，甚至可能會中斷。這與直播平台的伺服器或直播現場的網路都有關。因此，想要帶給使用者良好的直播感受，首先就要在視覺上讓使用者有流暢的觀看體驗，需要強大的硬體條件支撐。

除了在設備技術上滿足要求外，流暢體驗還體現在「軟體」——也就是直播主的臨場發揮上。有些直播主的臨場發揮並不好，甚至在直播中說話斷斷續續，邏輯不清楚、思維混亂。在這種情況下，使用者的觀看體驗就會很不好，甚至還會關閉直播。

因此，身為直播主必須練就一身本領，從而為使用者帶來流暢的觀看體驗。例如，在說話時要邏輯清晰，最好事前進行一番自我演練。直播時，絕不能讓畫面出現空白和沉默的空檔。

直播主還要學會用幽默風趣的方式來與粉絲互動，而非一個人唱獨角戲，這樣也能確保整個直播的順利進行。

同時，直播主還應該配合粉絲的要求，完成一些任務。當你掌握粉絲的心情，粉絲就會追隨你的腳步前行。

此外，直播主在直播中還應該注意直播設備的狀況，保持自己與設備的距離，不要忽前忽後，降低使用者體驗感受。

做到這些之後，就可以在表面上提供給使用者流暢的觀看體驗，不至於會讓使用者一開啟你的直播就想要退出。

## 將產品與直播主完全融合

在直播行銷中，較好的體驗模式是什麼樣的呢？就是將產品與直播主完全融合在一起，讓使用者感覺不到是在販賣東西，但是同時又能被產品所吸引，這就是體驗的最佳境界。

如今有很多企業都曾進行類似的體驗直播行銷，不但邀請很多網紅、明星及其他領域的名人擔任直播主，將產品與直播主結合，讓使用者在觀看直播的同時大呼過癮。

例如，廣東長隆集團就在旗下三大主題園區中，分別舉辦三場別開生面的直播。在這些直播中，該集團邀請眾多網路名人擔任直播主，帶領使用者遊歷長隆的主題園區，將直播主遊玩的真實感受與園區的特色服務原汁原味地展現在觀看直播的人面前，同時更將使用者逼真地「帶入」

園區現場同樂，實現真正的體驗行銷。

2016 年 5 月 13 日，去哪兒網聯合鬥魚直播推出「旅遊直播」節目，十餘位當紅直播主趕赴廣州長隆、泰國普吉島等八大熱門景點，以直播方式和網友一起感受景點魅力，獲取極佳的行銷成果。

又如，2016 年 5 月中旬，途牛影視與花椒直播攜手，全程直播知名演員顏丹晨的海洋量子號郵輪行，在直播活動中，途牛透過喊話方式發放旅遊券，成交金額突破人民幣 100 萬元。

在上述案例中，使用者切實地被直播主及其帶來的產品所吸引，不知不覺就走入直播主的情境中，這種融入式體驗也正是很多企業在直播行銷裡所欠缺的。

## 直播主親自體驗展示，連賣房都可以直播

最好的直播體驗模式，就是讓直播主親自體驗並展示，這樣一來，透過鏡頭，使用者就可以清晰地看到產品、看到服務，這種體驗也是使用者的需求。

2016 年 7 月 30 日，江西南昌的某建案就邀請兩位當紅直播主，進行一場別開生面的體驗式直播。

活動當天，兩位當紅直播主手持自拍棒進行體驗式自拍直播，參觀該建案的樣品屋。在樣品屋內，直播主不僅

透過直播為使用者全面展示該房間的格局、設計，甚至還帶給使用者很多的裝潢靈感。同時，直播主還慵懶地躺在沙發中、深情地凝望著玻璃窗等，展現宛如已經入住的悠閒風情。

隨後，直播主還在直播裡到該建案中的主題樂園及海洋樂園中遊玩。另外，兩位直播主還親自體驗位於該建案附近「世界上最長、最快的木質雲霄飛車」，而且就在雲霄飛車上進行直播。雲霄飛車途中發出的嘎嘎聲響，更是為觀看直播的人帶來驚險刺激的體驗。接著，直播主還直播在海洋樂園裡的詳細路線、過程及所見所聞。

在這些刺激好玩的直播中，觀看者也一步步感受到該建案的魅力。透過這場直播賣房，該建案的關注量在短時間內達到 150 萬，更令人驚嘆的是直播兩小時內就成交五筆房屋交易，其中一間店面的成交金額更達到人民幣 1,000 多萬。

因此，在直播盛行的當下，進行體驗式的直播行銷，可以讓使用者更青睞相關產品，從而達到提升成交量的目的，甚至連高價品項也不例外。

# 3 讓主題和效果更精準的直播策劃

- 你想創造話題，還是創造銷售？
- 策劃觀眾想看的主題
- 風向對了，題目就來了
- 善用噱頭打造直播話題
- 讓產品在鏡頭前說話

在直播行銷的浪潮中，傳播廣泛的直播少不了一個令人矚目的優秀主題。主題決定使用者是否點擊進入直播間，因此主題策劃是一個非常重要的環節。選對主題，才能真正「撩動」使用者的心。

本章將著重介紹在策劃直播主題方面的技巧和能力，例如從使用者角度出發，製造噱頭、放大產品等手法。這些方法雖然不能百分之百讓消費者對企業產生強烈信賴，但是只要巧妙靈活運用，結合企業、直播主、產品出色的特質，就極可能讓直播的主題更鮮明、更精準地獲得目標使用者的關注。

## 你想創造話題，還是創造銷售？

企業在策劃直播主題之前，要先弄明白一個問題：這次直播是想要銷售，還是炒熱新聞？這是一個很重要的問題。如果是想透過直播增加銷售量，對應的直播策劃就要針對純粹的販售技巧；如果直播的目的是想藉此炒熱新聞，提高知名度，整個直播的主題策劃就要把目光放得長遠，創造能吸引媒體和受眾的主題。

以下就將直播主題加以分類，進行分析。

## 短期銷售

這是指進行直播，是為了快速銷售手頭上的商品。例如，很多代購或網路賣家，想要盡快銷售手上的商品，對應的直播策劃就要圍繞著產品來進行。

圍繞產品來策劃主題的方法是：在直播主題上加入低價、優惠、新品、好禮等字眼，吸引使用者觀看。在這方面，淘寶直播、天貓直播、聚美直播就做得很好。

這些電商網站開直播的目的就是為了銷售商品，尤其是淘寶和天貓：各大商家紛紛進駐，直播功能開放以來，有些商家就是借助直播來銷售當前熱門、應景的產品。因此，這些直播往往會圍繞產品展開，對應的主題策劃也離不開產品。在這裡，我們舉例說明如下。

在淘寶直播中有一個叫「若語」的店家，專賣夏季女裝。在 2016 年 8 月 12 日，夏天即將過去之際，該店家在直播中打造這樣一個直播：「# 微淘清倉季 # 如果現在可以重新選擇你的年齡，你會選幾歲？」如圖 3-1 所示。

這是一個針對夏季女裝進行清倉的直播影音，顯然這個店家的目的就是要清倉，快速銷售手中的商品。於是，在策劃直播主題時，加入了 # 微淘清倉季 # 的主題標籤（hashtag），並藉著吸引人的主題來開啟直播銷售的大門。

這個直播雖然只有短短幾分鐘，但卻獲得 2 萬多的使用者觀看，因為這個直播主題中展現了清倉、低價、特賣、免運費等好康的訊息。而看了直播之後，很多使用者都轉換為該店的實際買家。

圖 3-1　「微淘清倉季」的主題直播

因此，如果你是短期銷售產品的店家，在直播主題策劃中，一定要圍繞著產品來進行，尤其要加上一些使用者喜歡、想要看到的詞語。這樣一來，企業就可以透過直播獲得更好的銷售成績。

## 持久性銷售

還有一類直播的目的是店家希望借助直播持久銷售，獲得更多持久性的使用者。顯然地，對應的直播主題應該考慮持續性。因此，在進行這類直播主題策劃時，需要從店家的產品優勢出發，最好以對比的形式，凸顯自家商店的產品特色，或是在直播中教授使用者一些知識，而這些知識是與店家產品相關的實用性內容，這樣就可以增強使用者對店家的長久黏著度。

在這裡，我們還是以淘寶店家的直播為例來說明。

在淘寶中有一個叫做「小谷粒輕熟系小 G 自製女裝」的店家，是一個專賣訂製、自製女裝的店家。

在這個店家的直播中，大都是介紹一些對使用者比較實用的穿搭知識，有效地「黏住」很多粉絲，為店家奠定長久的銷售基礎。

例如，該店一個有趣的直播主題是這樣的：「啦啦啦，又到了這期的影音時間哦，寶寶們，知道這一期的新品是什麼嗎？告訴你們吧！這一期是為你們介紹一款套裝的多種穿法！讓你們買了一個套裝，但是穿出不同的 feel ！絕對物超所值，喜歡的千萬不要錯過哦！」如圖 3-2 所示。

在這個直播中，店家的確是在對使用者推銷一款夏季

時尚套裝：白色襯衫搭配軍綠色的時尚短褲。以往的銷售往往只會介紹這一身套裝的優點、特色。但是，在這個直播中，直播主卻為使用者介紹這一款套裝的另一個百搭技巧，一件白襯衫可以穿出多種花樣，比如 V 領穿法、內搭小可愛穿法、露肩穿法等。直播主親自在直播中嘗試，一步步教會使用者如何百搭。這個直播的目的是傳授使用者這樣一個思維：如果購買這一款套裝，就可以穿出多套服裝的感覺，等於是買一送多。這樣的技巧是每位女性使用者都熱切需要的，同時也能更有效地「黏住」使用者。

**圖 3-2　意在持久性銷售的直播**

多數使用者在這一次的直播中有所收穫之後，自然會期待下一次直播中的新鮮百搭穿法。這就是對使用者產生的黏著度和吸引力，促進店家的長久銷售。

## 炒熱新聞，提升知名度

還有很多企業開直播的目的並不是短期銷售，而是為了行銷，尤其是希望透過直播獲得高知名度的企業，更希望透過直播提升自身的品牌地位。可以說，這種直播目的具有非常長遠的目光。那麼在進行這樣的直播主題策劃時，又需要什麼樣的技巧呢？

一般來說，想要炒熱話題，提升知名度，企業的直播策劃中需要體現企業的品牌理念和文化價值，讓使用者透過直播的主題就能感受到企業的內涵，還可以借助一些名人、事件來進行直播策劃。

在這方面，知名美系化妝品牌歐蕾（Olay）就做得很好。歐蕾在直播行銷趨勢下，也進行直播方面的規劃。為了獲得更多使用者的青睞和提高產品在直播中的知名度，2016 年 8 月 12 日，歐蕾天貓旗艦店便利用天貓直播策劃一個非常有看頭的直播主題：「Olay 攜手游泳冠軍羅雪娟，分享冠軍的小祕密」，如圖 3-3 所示。

從該主題中可以看出，歐蕾這次的直播是圍繞著 2016 年里約奧運進行的，並且借助奧運冠軍羅雪娟策劃直播的

內容。歐蕾不但借助名人，還借助熱門事件，讓直播在未開播前就獲得大量使用者的追蹤。

在這一次直播中，不但有游泳冠軍羅雪娟親自代言歐蕾，講解自己的冠軍歷程、護膚保養奧祕，同時羅雪娟還會在直播中隨機抽取參與直播的使用者發送紅包。如果使用者參與直播，就有機會獲得歐蕾的公仔玩具小熊，若是加以分享，還有機會贏取奧運大獎歐蕾的護膚保養精美套組，如圖 3-4 所示。

（編注：中國將「歐蕾」稱為「玉蘭油」。）

圖 3-3　歐蕾攜手奧運冠軍的直播

圖 3-4　歐蕾直播抽大獎

因此，想要透過直播創造新聞、獲得更高知名度，必須在策劃直播的主題中加一些「料」，引導使用者參與，並且及時分享。

## 策劃觀眾想看的主題

使用者是直播是否成功的關鍵要素。的確，沒有使用者「圍觀」的直播不僅是「自嗨」，更是一種無奈的失敗。為什麼有些直播會失敗，沒有使用者觀看呢？原因在於直播主題策劃不成功，主題策劃不成功的原因又在哪裡呢？歸根究柢還是沒有考慮到使用者。沒錯，只有主題策劃圍繞著使用者，從使用者的角度出發，才能吸引關注，創造預期中的成效。

### 螢幕對面的路人，就是你的受眾

直播的背後一定有某種訴求被滿足，才會紅起來。因為每一種爆紅現象的背後，一定是對消費者心理的準確洞察。曾經有一位爆紅的直播主說過這麼一句話：「直播使用者就是我的受眾。」從這句話裡，就可以看出直播的成功與使用者的關聯有多麼重要。

在直播的策劃中要時刻體現出「使用者就是受眾」這一點。無論在什麼情況下，情感共鳴永遠是最能帶動使用

者的因素。在直播中加入情感共鳴的元素，就可以讓更多使用者短暫忘卻原有的情緒狀態，全心投入你的直播。

這就像我們在看一場電影，觀眾在座位席上觀看的過程中，身分會隨著各種角色的經歷、磨難、辛酸，一起迸發出情感上的共鳴。這也是為什麼很多企業或網紅能在直播策劃中喚起使用者情感共鳴的原因。

在直播主題的策劃中加入情感共鳴，需要充分了解使用者。使用者需要的是有人陪伴、害怕孤獨、需要溝通互動，才透過直播聚集在一起，有時他們尋求的並不一定是內容的豐富性，而是互動。

就好比很多網路商家，在發表新產品時，會使用直播進行即時發表會。這樣的發表會可以讓更多不能到現場的使用者一起參與，一起活絡氣氛、解讀產品、探討未來的發展……，因此在直播策劃中，要加入使用者情感的需求與互動的內容。

例如，天貓直播中有一個名叫「偷偷打開你的包」的直播，主要播送運動潮流產品。這個主題顯然就有與粉絲互動的意味，直播主會打開自己的包包，與使用者一起探討時下流行單品，如圖3-5所示。使用者可以一邊觀看直播，一邊即時購買直播主包包裡隨身攜帶的一些流行單品。

這樣有情感共鳴、產生互動的直播主題，才可以真正引起人們的關注，才有可能讓觀眾變成真正的消費者。

**圖 3-5　體現使用者情感的直播**

## 調查讓受眾喜愛的話題

那些引發全民關注的直播為什麼會這麼大受歡迎？大部分的原因在於，這些直播真正迎合使用者的口味，真正受到使用者喜愛。所以，接下來我們的任務就是要調查、發現讓受眾喜愛的話題。

觀察那些熱門的直播，你會發現有一類話題是使用者非常喜愛的，就是關於時尚潮流的主題，例如「如何搭配穿衣」、「如何穿出女神風範」等。我們必須確定的一點就是，當今觀看直播的族群大多集中在七年級、八年級的使用者。這些族群較為年輕，他們對時尚潮流的需求是非常迫切的。因此，關於時尚潮流的直播主題非常符合這群人的胃口。

例如，天貓直播中一個名叫「氧氣美少女運動穿搭」的熱門直播，針對的就是運動時尚風。在直播中，直播主會親自試穿大量的運動服飾，為使用者展現如何打造「氧氣運動少女」的形象，如圖 3-6 所示。同時，該店各種運動風格的服飾也會展現在鏡頭前，讓使用者看過之後都想要買回家，並且仿照直播主的搭配進行穿搭，以穿出運動時尚風格，如圖 3-7 所示。使用者只要點選直播下方的服飾連結，即可邊看邊買。

還有一類話題也是年輕受眾喜愛的，就是美妝保養，也是一個強化美好外在形象的話題。人人愛美，尤其是在當今的社會下，化妝在讓你變美、變得光鮮亮麗的同時，也能帶來更多的成功。例如，在天貓直播中有一家化妝品商家，特地邀請韓國美妝達人擔任美妝直播主。這個直播在天貓上之所以很受歡迎，離不開主題的功勞，當時的主題是：「改造失戀傻白甜變女神」，如圖 3-8 所示。

從主題就能看出，這是一個可以讓女性使用者從「傻白甜」（編注：指皮膚白皙、長相甜美、傻大姐型的女孩）飛躍性提升到「女神」等級的直播。在直播中，直播主近距離展現化妝過程，期間使用者還可以直接提出問題，美妝直播主會當場解決回答疑難，滿足使用者對美的要求。

圖 3-6　關於運動時尚穿搭的直播

圖 3-7　運動時尚穿搭直播，讓觀眾邊看邊買

圖 3-8　受眾非常喜愛關於美妝的直播

另外，那些有關熱門事件、新鮮資訊、獵奇心理等的主題也能吸引使用者。企業想要做出一個好的直播主題，可以從身邊好友群中了解，也可以多觀看那些成功的直播是如何做到的，從中汲取經驗並獲得啟發。

## 選擇使用者投票方式來策劃主題

想要根據使用者角度來深入挖掘直播的主題，可以透過使用者投票方式來選擇。所謂「解鈴還須繫鈴人」，想要受到使用者喜愛，就可以讓使用者自己選擇主題。

過去的直播模式中，是由直播主決定主題後，在直播前做好相關準備工作，然後再進行直播。但是，有些企業卻為了更迎合使用者的內心，而進行「毫無準備」的直播。

直播主在直播進行中，可以讓使用者提出來下一步需要說什麼、做什麼。有些直播的使用者很多，因此使用者提出的主題也會很多，所以就要採用投票方式，比如分析使用者的問題，總結出幾個主題，然後激發使用者的積極性，鼓勵投票，最終票數最多的主題就會成為直播主下一次直播的內容。當然，在這種環節中，對直播主的應變能力和直播技巧是很大的考驗，所以選擇好的直播主也是策劃好直播主題的關鍵所在。

還有一種方式是直播開始之前的投票。例如，主辦單位可以透過官方社群或網站進行投票，尋求策劃直播的主題。當使用者表達自己希望看到的直播主題和內容，最後統計出最受使用者喜愛的主題進行直播，這樣的直播極有可能受到大量使用者所喜歡。

## 風向對了，題目就來了

在快速發展的網路時代，成為關注焦點就意謂著大量的關注和流量，所以在這個時代做行銷，尤其是直播行銷，需要及時發現時代的關注焦點，並藉此展開直播。

如果抓不住關注焦點或是抓晚了，你的直播很可能會過時，無人觀看。大部分的事物，尤其是關注焦點，網友第一次看到會覺得新鮮有趣，第二次看到或許覺得還可以，但是等到第三次，甚至更多次之後，就極有可能會產生厭煩的情緒。因此，掌握市場關注焦點非常重要，企業或個人應該盡量搶占先機。

### 關注焦點：找到風往哪裡吹

在策劃直播時，必須隨時關注市場的發展和變化趨勢，尤其要關注市場的焦點。就如同服裝設計一樣，設計師想要設計一款服飾，就必須具有精準的眼光去掌握當前時尚

的關注焦點。

策劃直播主題也需要關注行銷界內的流行關注焦點。例如，2016 年 8 月的最大關注焦點，無疑是里約奧運。四年一屆的奧運在 2016 年 8 月的里約熱內盧揭開序幕，一時之間關於里約、奧運、冠軍的各種關注焦點層出不窮，甚至還有很多企業在行銷產品時，都打著「奧運」的旗幟。

抓住這些關注焦點，然後充分利用，加以策劃，直播被關注的機率就會顯著提高。例如，上述提及的歐蕾借助奧運游泳冠軍的主題，策劃一場以奧運為關注焦點的直播，就吸引大量使用者的瀏覽，相關產品的銷售量也有了顯著提升。

從產品銷售角度來看奧運，在 2016 年夏季的里約奧運中，有很多具本土特色的產品暢銷，比如蚊帳。眾所周知，蚊帳是我們的夏季民生用品，大多數歐美地區的使用者之前其實很少使用，但是在里約奧運的選手村裡，當中國運動員在臥室內搭起蚊帳時，蚊帳一瞬間就在全球大受歡迎，甚至在奧運村掀起一陣「蚊帳風」。

一時之間，蚊帳的價格也被炒到數百美元，顯然「蚊帳＋奧運」這個產品行銷就非常符合關注焦點。

為此，很多企業的直播策劃中就緊緊抓住這一點，就像加入「蚊帳＋奧運」的關注焦點因素，策劃一個又一個的關注焦點直播，吸引大量的使用者觀看。

抓住關注焦點做直播，不僅會讓直播使用者增多，產品也能透過這種關注焦點的傳播和使用者的參與互動，廣泛地促進銷售。

## 跟隨熱潮，快速出擊

當企業判斷一個關注焦點在市場中的影響力時，就需要跟隨著這股熱潮，主動並快速出擊，具體流程如圖 3-9 所示。

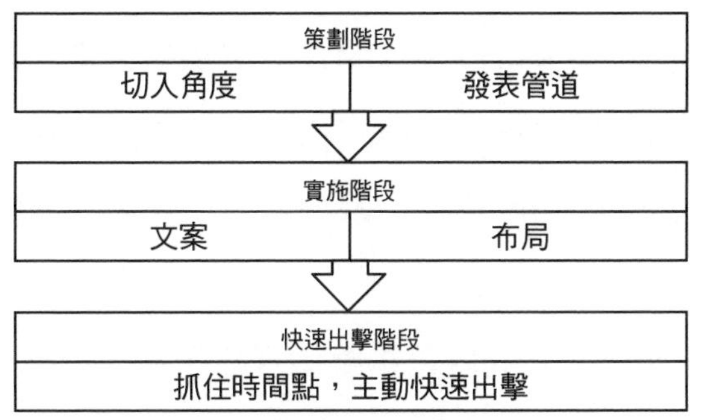


**圖 3-9 根據關注焦點策劃直播的流程**

首先是策劃階段，當企業找到一個關注焦點之後，就會進入直播的策劃階段。在這個階段內，主要聚焦以下兩點：

（1）切入角度。既然找到了關注焦點，就必須開始思考，要以什麼角度來切入直播呢？由於產品特點、使用

者族群等的不同，導致切入角度也會不盡相同。例如，「奧運」這個主題，販售護膚保養品的和販售蚊帳的商家，在直播策劃時的切入角度一定會有所差異。

（2）發表管道。在策劃直播階段，還需要考慮你的直播發表管道。一般來說，各大社群平台和直播平台都屬於發表管道，但是企業還需要根據自己在各個平台上的粉絲組成或數量不同，來選擇更合適的發表管道。

其次是實施階段，經過策劃階段，接下來就要順利進入實施階段。在這個階段裡有以下兩方面需要注意：

（1）文案。在直播行銷中，我們說的文案就是影片文案。一個好的文案可以讓你的直播行銷變得事半功倍。這需要在策劃直播之後，經由直播主與策劃人員精心安排，從使用者喜愛的角度出發，尋找能讓使用者快速接受，並且覺得深受吸引的文案。

（2）布局。布局就是指整個直播影音的安排，整個直播的時間分配、進行流程，都要圍繞著產品或你其他的目的進行，而不是漫無目的地讓直播主自由發揮。這需要在直播策劃中加入引導和說服。這部分的主要環節幾乎都在直播主的「嘴」上，直播主怎麼說、如何說、先說什麼、後說什麼等，都是布局的關鍵環節。

最後就是快速出擊階段，當你掌握關注焦點，並且進行策劃階段和實施階段之後，就要掌握最佳時間點，快速出擊。這可以是在關注焦點剛剛發生之後，也可以是在一些關注焦點尚未完全爆發的時刻進行。總之就是，要在最快、最合適的時間內抓住使用者的心。

## 結合產品特點加入關注焦點元素

在策劃一個直播主題時，掌握關注焦點之後，接下來就是要投入「戰鬥」。這時候企業一定不能偏離行銷主題，在結合產品特色的基礎上要加入一些關注焦點元素，這樣就能完美地融合市場，做出廣泛傳播的直播。

在 2016 年里約奧運期間，各大商家紛紛掌握相關關注焦點，再結合自家的產品特色，進行別開生面的直播。

例如，天貓旗艦店有一個家具賣家，在里約奧運期間的直播便緊緊結合「運動」來展開，直播的主題就是「家具運動會，全家總動員」，如圖 3-10 所示。

在這個直播中，店家帶領使用者回顧當時正在熱切進行的2016年里約奧運上，運動健將的各種關注焦點與花絮。但是，言談之間都離不開自家的家具產品，像是如何躺在舒適的沙發上觀看奧運直播等。

圖 3-10　結合產品特色，加入關注焦點元素的家具直播

巧妙將產品特色與時下關注焦點加以結合的直播，更能讓使用者在入迷觀看直播的同時，被你的產品所吸引，進而產生購買欲望。

## 善用噱頭打造直播話題

從直播行銷的本質上來說，話題才是資訊傳播的根本，也是一種高明的手段。擁有一個好的話題可以讓直播行銷事半功倍。因此，如何製造一個好的直播話題就成為直播行銷的基本。

當然，在話題的製造過程中，「噱頭」一直以來都被視為有效的佐料，尤其是出人意料的噱頭，更會讓使用者興奮不已。因此，善用噱頭來打造直播話題，將是直播行銷策劃的一個重要技巧。

## 引用關鍵熱門詞彙做噱頭

在策劃直播主題時，企業要學會利用關鍵熱門詞彙來做噱頭，因為熱門詞彙往往是最能吸引目光的要素。在網路時代裡，搜尋引擎的熱門詞彙和事件往往能夠帶動使用者的傳播與分享。

例如，2016 年里約奧運期間，中國游泳選手傅園慧的一句「洪荒之力」，帶動了這個詞彙的瘋狂傳播。該詞彙是來自於熱門小說改編的電視劇《花千骨》中的台詞，曾是 2015 年的流行語。時隔一年，經過傅園慧幽默風趣的表達，「洪荒之力」再次成為關鍵熱門詞彙，風靡網路。一時之間，各大社群平台、網站紛紛引用「洪荒之力」大做文章，其中，微博中加入「# 傅園慧洪荒之力 #」主題標籤的話題有數千萬人參與。同時，各大明星也在自己的微博中引用「洪荒之力」這個關鍵熱門詞彙，如圖 3-11 所示。

在直播中，也有大量的企業借用這個關鍵字，吸引使用者的關注。與此類似的案例，還有 2016 年中國非常熱門的關鍵詞彙「一言不合就……」。一開始，有很多商家在

發送廣告資訊時，紛紛使用諸如「一言不合就送乘車券」、「一言不合就送紅包」等語句。

**圖 3-11　明星在微博中引用「洪荒之力」**

在直播中也是如此，使用「一言不合，就……」的句式也更能吸引人們的關注。例如，在「波羅蜜全球購」的直播頻道中，有一家專賣日本護膚保養品的店家就使用「一言不合就長痘，櫻花妹首先想到它」做為直播主題，如圖 3-12 所示。從主題上來看，這個直播的主題是圍繞著祛痘產品展開的。但是在策劃時，引用「一言不合，就……」這個熱門詞彙句式，頓時吸引大量使用者的觀看。使用者可以在直播中獲得紅包與產品優惠，如圖 3-13 所示。

因此，企業在策劃直播時，想要吸引人們的關注和目光，就需要適當借助當下的熱門關鍵詞彙。

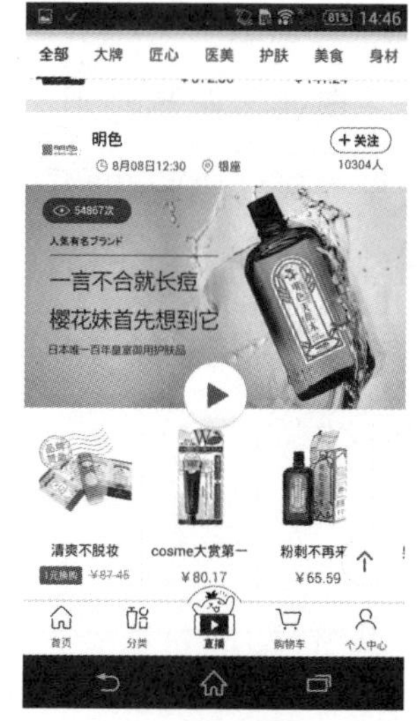


圖 3-12　化妝品運用「一言不合」關鍵熱門詞彙做直播

圖 3-13　「一言不合」化妝品直播可以邊看邊買

## 以直播主本身當噱頭

通常在直播中必然會有一個主角，儘管有些直播會有很多人參與，但是直播主往往只有關鍵的一、兩個，這時候直播主就成為很多使用者觀看的動力。有些企業會邀請明星擔任直播主來吸引使用者，有很多時候，這樣的方法不但有效，還能真正帶來流量，增加變現的機率。

在直播的策劃中，想要吸引使用者，可以先拋出關於直播主身分的噱頭，然後用這個噱頭打開人們的獵奇心理，吸引使用者觀看直播。

2016年8月，最大的關注焦點無疑就是「奧運」，很多企業在進行直播策劃時也會選擇「奧運」做為噱頭；也有些企業更是出怪招，從直播主的身上探討奧運的關注焦點。例如，圖3-14所示的「虎撲籃球」網站就做出這樣的直播：「長腿女神直播換泳裝，美到不行！」在該網站的官方帳號中，這個直播的話題引發廣泛關注。

**圖3-14 「虎撲籃球」以直播主為噱頭做直播行銷**

「虎撲籃球」這一次直播策劃圍繞的就是直播主本身，在直播主的身上做噱頭，吸引使用者觀看，而採取這樣的方式也有不錯的效果。

還有很多企業是這麼策劃直播：例如強打「看！這個直播主說了什麼？」、「原來直播主長這樣呀！」等。這都是充分利用直播主做為噱頭，吸引使用者圍觀，也是增加使用者瀏覽的一個重要技巧。

值得注意的是，噱頭雖然可以耍得很誇張，但是當真正開播時，直播主的言行一定要與噱頭符合，甚至還要超乎想像，為使用者帶來驚喜，而不是驚嚇。

## 拋出爆炸性新聞當噱頭

在做直播策劃時，企業為了吸引使用者，偶爾不妨有一些極端的舉動。例如，在直播中拋出一些重磅資訊或爆炸性新聞，用這些噱頭引發使用者的好奇心，吸引使用者觀看。

當然這種爆炸性新聞，並不一定是真正的爆炸性新聞，而是在直播題目、主題、話題上打造出來的爆炸性新聞，讓使用者因此點進直播間。

在這方面，來自美國的時裝品牌吉麗絲朵（Jill Stuart）就做得很好。2016 年 8 月 12 日，吉麗絲朵品牌在北京舉行美妝發表會。這一次的發表會全程採用直播的方式，期間有專業化妝師現場教使用者打造公主妝、舞會妝等技巧，如圖 3-15 所示。發表會現場可以說不只是化妝的教學，更是吉麗絲朵品牌的一個時尚大派對，這一次直播也吸引很多的網路使用者觀看。

圖 3-15　吉麗絲朵產品發表會直播

這個直播在策劃時，吉麗絲朵拋出一個窺探性的噱頭。這種噱頭如同新聞一般，像是重磅資訊般來襲。這一次的直播主題是這樣的：「花游女神揭祕 Jill Stuart 時尚 party」（編注：花游為花樣游泳的簡稱，中國的「花樣游泳」即指「水上芭蕾」），如圖 3-16 所示。

圖 3-16　吉麗絲朵揭祕類直播主題

吉麗絲朵在這個直播策劃中就加入「花游女神」的環節，邀請水上芭蕾運動員陳曉君做為吉麗絲朵的嘉賓，在直播中與大家見面，並且一同揭曉吉麗絲朵的化妝祕密。

由於加入奧運水上芭蕾運動員這個關注焦點，再加上「揭祕」這種詞彙，讓這個直播在未開播前，就已經在天貓直播預告中吸引大量粉絲訂閱和關注。

由此可見，在直播中拋出一些炸彈性訊息並不一定要真的拋炸彈，只是在話題、標題等方面加入一些噱頭，吸引大家前來圍觀，然後在真正的直播中盡量帶給大家有用的資訊，這樣就是成功的直播策劃。

## 讓產品在鏡頭前說話

直播策劃想要真正達到提升銷售的效果，還需要圍繞著你的產品優勢和特色進行。另外，需要注意的是，如果明知直播的目的是銷售產品，使用者還堅持繼續觀看，這一類使用者極可能更關注產品本身，而非直播主有趣與否或其他要素。因此，以銷售為目的的直播就必須圍繞著產品特色，相關策劃也應盡量強化產品特色。

## 讓產品而非直播主當主角

在直播行銷中，商家必須明白的一點就是：只談論產品的直播，吸引力會大打折扣。在直播中，如果只是看人，也沒有人會長久地觀看。在直播行銷中，不能只談論產品，但是也不能對產品絕口不提。

很多企業之所以會做直播行銷，目的都是想要藉由直播銷售產品，但是卻往往忽視了行銷的本質，而一味地對使用者單向宣傳、或是為求有趣而偏離了產品特色的傳達。這樣的直播對企業而言幾乎是無意義的。因此，企業要認清直播行銷的本質：產品是關鍵，產品才是主角，要讓產品「說話」，讓產品帶動使用者的購買欲望。

在這方面的具體做法就是，直播主要在談話之間和進行一些動作時，與產品巧妙結合，或是將產品放在直播主旁邊的某個顯眼位置，這都需要在直播之前經過一番精心策劃。

有一個專賣日本美白牙膏的商家，首先在直播主題中充分展現產品，而不是展現人物，主題是「日本最強美白牙膏，剝落牙垢讓牙壁再生」，如圖 3-17 所示，對應的副標題則是「每月售出 300 萬支的神奇牙膏」。

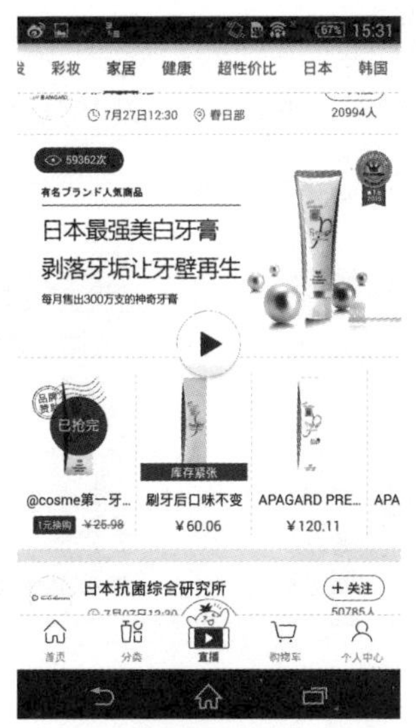


**圖 3-17　「日本最強美白牙膏」直播**

進入直播後，我們看到鏡頭幾乎沒有一個時刻是靜止不動的，由直播主進行講解，同時直播的鏡頭對準這個店家的實驗室、牙醫師進行全面直播。更重要的是，這款美白牙膏不但多次在鏡頭前出現，而且直播主還親自在鏡頭前刷牙、實驗，如圖 3-18 所示。在直播的螢幕上，還標示了這款牙膏的價格和連結，使用者只要點選連結即可直接購買，如圖 3-19 所示。

在直播下方，更有這個店家的美白牙膏產品清單和購買連結，方便使用者購買。

透過這個直播我們可以看出，使用者之所以會關注以

銷售為目的的直播，焦點就是在於對產品有興趣，因此在直播中要將產品放在主導地位，以凸顯產品的優勢、特色等，這樣的直播才能獲得使用者的認可和喜愛。

圖 3-18　直播中直播主親自刷牙，試驗牙膏

圖 3-19　直播中產品成為主角，可邊看邊買

## 該產品發揮改變使用者的實力

在直播策劃中，還需要特別凸顯產品的實力。產品的實力與產品的特色不太一樣，產品的實力著重體現在這款產品可以為使用者帶來哪些改變，這種改變首先一定要是正面的，而且是和使用者切身相關的，讓使用者看完之後，會覺得這款產品不同凡響，與眾不同，這樣的直播不但會

吸引人們觀看，更能激發人們購買。

淘寶直播中有一家專賣化妝品的網路店家，在直播策劃中，為了凸顯自己的產品，想了很多辦法和方案，例如：方案一，選擇將產品放在鏡頭前，由直播主介紹產品特色；方案二，直播主在鏡頭前利用主打化妝品展現化妝流程；方案三，利用模特兒展示化妝品。

但是，這些方案全部都被否決了，最終店家選擇的方案是在直播中體現出產品實力：第一，產品優勢；第二，快速化妝。於是，該網站在直播策劃中選用「花 1 分鐘感受橙花素顏霜的奇妙」做為主題，目的是教會大家在一分鐘內化好妝，同時還是在徹底素顏的情況下。這樣的直播不但能夠凸顯該產品的優勢，也為使用者介紹了快速化妝的技巧。這款「橙花素顏霜」也就自然地成為直播的主角，展現出它的非凡實力。

與上述主題相對應的文案為：「如果你還不知道我家的橙花素顏霜！你就真的 OUT 啦！讓你路人變女神的利器就是 TA ！快使出你的『洪荒之力』，花 1 分鐘感受一下橙花素顏霜的奇妙吧！」如圖 3-20 所示。

這個短短一分鐘的直播，真正體現出這款「橙花素顏霜」的威力，展現該產品讓使用者在最短時間內由「路人」變「女神」的非凡實力，這個直播在短時間內就吸引 6,000

多人圍觀，為這家無名小店帶來不俗的流量。

**圖 3-20 「橙花素顏霜」產品直播的文案**

又如，在天貓直播中，有一家專賣床墊的旗艦店在直播策劃時，也歷經層層篩選，最終選擇以「開啟零壓睡眠之旅」做為直播主題。該店在直播中介紹一款名為「夢百合」的床墊。

直播主跟隨店家專業生產人員深入床墊的研發實驗室，深度解析這款床墊的研發、製作過程，如圖 3-21 所示。使用者在直播中體驗到這款床墊的「魔力」之後，就可以點選直播下方的相應連結購買該產品，如圖 3-22 所示。

圖 3-21　「開啟零壓睡眠之旅」的產品直播

圖 3-22　「零壓睡眠」床墊直播，邊看邊買

這些實例表明，在直播中必須展現出產品最大的優勢和實力，讓使用者看到產品的與眾不同及「魔力」，這樣一來，你的直播才能為變現奠定基礎。

# 4 牢牢吸引粉絲必須掌握的六大法則

- 發表會直播模式：吸粉、賺錢兩不誤
- IP直播模式：引發直播高潮，打響知名度
- 作秀直播模式：立體真實的個人魅力
- 限時搶購直播模式：產品銷售量翻倍的秘密
- 戶外直播模式：從外景到活動形式都要有看頭
- 顏值直播模式：從臉蛋到形象都需要包裝

如今直播的含義已不再是單純的作秀，而是演變為真正的行銷方式。因此，在直播行銷中，一定要注重所選擇的模式。隨著企業各種活動變多，行銷面臨的困境也逐漸增多。例如，在發表會上，企業是否還要花費高昂的費用租用場地？戶外行銷時，是否還要敲定預算打造裝潢？本章將從直播的角度出發，講解各種直播行銷模式。

## 發表會直播模式：吸粉、賺錢兩不誤

在直播當道的情況下，很多企業甚至認為不邀請網紅就不好意思開發表會。這種說法雖然有一定的玩笑意味，但卻一語擊中發表會與直播不可分割的緊密聯繫。如果說直播行銷是行銷的新趨勢，發表會直播就是直播行銷中最具代表性的行銷模式。

如今有愈來愈多的企業已經擺脫過去傳統的單一發表會模式——找場地、找媒體、發新聞稿等，而是將發表會與直播加以接合，同時吸引線上、線下使用者。

### 多平台同步直播

一場成功的產品發表會直播，離不開事前的周密策劃。想要讓你的發表會透過直播獲得較高的關注，就必須注重直播中的傳播管道。如今直播平台有幾百個，使用者可以隨意選擇直播平台看直播。因此，想要發表會傳播廣泛，必須多平台同步直播。

打個最簡單的比方，每年的中國春節聯歡晚會（簡稱為春晚），幾乎各大衛視都會轉播中央電視台的春晚，如此一來，春晚的收視率、知名度、曝光率就會大幅提高。開發表會直播也是如此，不要局限在單一直播平台，要多平台同步直播，才能獲得更多的關注。

但是，也有人覺得發表會在不同平台進行直播，很有可能會分散使用者。不可否認的是，從表面上來看，這樣的直播模式會分散受眾，可是實際上不同平台形成的固有風格不同，受眾更容易在習慣的交流氛圍中自由地互動討論，更能讓企業產品多管道曝光。

2016 年 7 月 27 日，小米舉辦一場別開生面的發表會。當天下午兩點，小米紅米 Pro、小米筆記型電腦 Air 新品發表會進行直播，引來大批網友圍觀。與很多企業不同的是，小米這一次選擇的直播平台十分多樣化，不再局限於小米官網的娛樂直播平台，而是選擇不同領域且具有超高人氣的其他直播平台同步直播，如嗶哩嗶哩動畫網站、熊貓 TV、鬥魚 TV，如圖 4-1、圖 4-2 所示。

圖 4-1　小米產品發表會與各大直播平台合作同步直播

圖 4-2　嗶哩嗶哩上的小米產品發表會直播

這些直播平台都是七年級、八年級的聚集地。在直播之前，各大媒體就已經對此消息進行「預熱」，製造大量懸念。在正式開始時，果然透過各個直播平台的直播，獲得廣泛關注。

從小米的發表會直播來看，在直播時確實需要與更多的直播平台合作，擴大產品的曝光範圍，以獲得更多的流量和使用者。

## 讓你的發表會有看頭

想讓發表會直播透過獲得高曝光度，需要有亮點、看頭。在直播的過程中，可以透過多種方式加入亮點，例如邀請明星上直播、利用網紅效應開直播等。這些方式都可以讓你的發表會取得一定的關注度。

在上述的小米「7・27」發表會中，就有以下多個亮點吸引人們的關注：

（1）邀請吳秀波、劉詩詩、劉昊然擔任直播嘉賓。在小米的新任代言人中，這三位獨具特色，吳秀波代表「國民大叔」，帶給人成熟穩重的感覺。隨著吳秀波主演的眾多電影、電視劇的播放，有很多人對這個「大叔」有著獨特的喜愛。在這一次發表會裡，雷軍還與吳秀波一起在鏡頭前和觀看直播的使用者打招呼，不僅展現出小米手機的特色，還讓更多使用者透過直播發現吳秀波「萌」的一面。

此外，清新脫俗的劉詩詩也擔任嘉賓，在發表會現場與大家見面。她在現場擺脫以往明星站在舞台上與主持人一起訴說這款產品多麼實用、多麼優秀的模式，而是由雷軍在現場拿起小米手機為劉詩詩拍照，並且在直播中同步放映，讓使用者在獲得劉詩詩的「私藏」照片時，進一步展現小米手機的拍照功能，這也成為該發表會的一大看頭。

（2）邀請大量網紅在現場進行同步直播。小米在這一次的發表會裡除了邀請媒體和明星以外，還在各大當紅的直播平台中選出一百餘位網紅直播主來到現場。小米為了吸引使用者的關注，從發表會開始前就已經開啟直播，直播各大網紅前來現場的實況報導。小米還為了到場的網紅直播主專門準備賓士等級的專用車，更將活動的層級向上提升。

如果說邀請明星參與是為了增加產品強力的曝光，吸引粉絲聚焦；那麼邀請一百餘位網紅，就是透過更平易近人的方式讓此次直播到達目標受眾，並與他們形成互動。這一次的小米發表會集合網紅、明星，多管齊下，打開更多直播平台的通路，曝光效果自然也並非一般直播可以相比。

中國另外一個手機品牌——魅族，也在 2016 年 8 月 10 日進行「魅族魅藍 E 新品發表會」。這個發表會也與多個直播平台合作展開，這個直播中也有很多的看頭，首先就是邀請當紅的創作歌手金玟岐，現場演唱兩首受到「魅族青年良品」粉絲們喜愛的歌曲，如圖 4-3 所示。

**圖 4-3　魅族產品在發表會中邀請歌手演唱**

用歌曲掀起魅族發表會的開端，同時帶動使用者的熱情，讓這個直播更具文藝氣息，吸引大量直播使用者觀看，甚至有些使用者還大呼就如同觀看演唱會一般，有很多人也因此對魅族產品的好感有所提升。

## 讓使用者在發表會中獲取資訊

當然，想要讓「產品發表會＋直播」的模式獲得更多成效，不能一味搞怪耍寶，還需要真正讓使用者透過直播獲取產品資訊。

我們看到有很多企業在發表會中雖然加入直播，但是卻太過依賴明星、網紅來製造氣氛，最終短短兩小時之後，使用者等於是在參加明星見面會，真正的企業產品卻並未獲得關注。

事實上，使用者之所以會開啟你的產品發表會直播，不僅是為了觀看網紅、明星，更重要的是想要從直播中獲得更多的產品資訊。因此，企業千萬不要在發表會中讓網紅、明星喧賓奪主。企業應該多講述一些產品的資訊，尤其是要透過鏡頭將產品的特寫和細節部分，呈現給觀看直播的使用者。

在魅族新品手機的直播發表會中，不僅讓使用者近距離地觀看魅族產品，還透過一些微妙的鏡頭轉換，讓直播使用者看到製作魅族手機的過程和工藝細節，如圖 4-4 所示。

**圖 4-4　魅族手機發表會直播工藝製作**

透過這種詳細的工藝呈現，使用者就能獲得更多關於產品有價值的資訊，而這些資訊也正好是真正促使使用者購買這款產品的主要因素。

## IP 直播模式：引發直播高潮，打響知名度

在網路行銷中，智慧財產權（Intellectual Property, IP）行銷是非常熱門的模式。很多娛樂企業、品牌紛紛借助一些較大的 IP 來行銷，例如一些炙手可熱的名人本身就是 IP、經典的書籍與名著也是 IP、一個擅長寫文案的人也是 IP、一本經典的漫畫也是 IP。在直播行銷中，能不能和 IP 加以結合呢？事實上，這是完全沒問題的。直播行銷想要獲得更好的效果，採取 IP 直播模式再合適不過了。

### 利用名人效應擴大直播行銷

企業想要透過直播獲得流量，獲得更多的使用者，可以與那些名人 IP 加以連結。在過去的傳統行銷中，企業品牌想要獲得更多的銷售量，於是邀請名人擔任代言人站台，在當時的環境下，獲得的效果也非常可觀。

隨著網路新型科技的發展，各式各樣的傳播工具和行銷工具應運而生，名人也同時成為企業網路行銷的最大 IP

資源。在當下熱門的直播行銷中，IP 更應該是不可或缺的寶貴資源。那麼，要如何借助 IP 來進行直播行銷呢？

其實很簡單，就是將過去那種傳統的廣告代言模式加進直播思維，用名人 IP 的效應帶動直播的觀看人數，引發行銷高潮。

在這方面，可以 2016 年 3 月唯品會直播行銷為例。當時，唯品會特別邀請明星周杰倫做為唯品會「驚喜長」（CXO）。與以往不同的是，在這一次正式與周杰倫簽約前的很長一段時間，唯品會在微博等社群平台上就開始宣傳了。

與此同時，唯品會還策劃很多關於周杰倫擔任神祕驚喜長的微博話題，充分利用周杰倫這個超級 IP 進行宣傳。

等到直播活動當天，唯品會與美拍直播平台合作，共同發起「周杰倫正在送驚喜」的直播話題，如圖 4-5 所示。借助這個超級 IP，再加上之前的宣傳，這一次唯品會在美拍的直播非常成功，吸引上千萬人線上同時觀看直播。

同時，在現場也有來自其他各大直播平台的直播主。這些直播主分別在自己所屬的平台上對此次活動進行直播，藉由周杰倫為自己的直播間帶來人氣，增加粉絲，同時也為唯品會累積線上人氣，如圖 4-6、圖 4-7 所示。

圖 4-5　唯品會微博 # 周杰倫正在送驚喜 # 話題

圖 4-6　唯品會直播活動的直播主

圖 4-7　映客直播的唯品會活動

同時，唯品會還借助周杰倫這個超級大 IP 進行接下來的大促銷和特惠活動，真正吸引使用者的購買。很顯然，這種借助名人 IP 開直播的方式直接就能吸引使用者。

## 運用熱門的 IP 概念來直播

當下很多熱門的 IP 是新興的，這些新的 IP 概念尤其深入八年級主流網路使用者群體的心中。因此，在直播裡不妨加入這些新興的 IP 來直播，一定能夠吸引更多使用者的關注。

在這方面，電視綜藝節目《我是歌手》做得很好。2016 年 4 月 8 日，湖南衛視《我是歌手》宣布與映客達成策略合作，因此除了湖南衛視自家的芒果直播以外，映客直播也為《我是歌手》總決賽展開《我是歌手——冠軍之夜》、《猜歌王贏映票》等系列主題直播活動。

使用者不只能在歌手各自的直播間看到喜愛的歌手「備戰」時的狀態，還可以透過直播為喜愛的歌手加油吶喊，為歌手送上鮮花和愛心等。在映客直播中，粉絲為自己喜歡的歌手增加人氣的方式，會直接決定歌手的出場順序。

這種與直播平台合作的方式，讓湖南衛視與映客達到雙贏。湖南衛視和芒果 TV 鞏固節目知名度，大幅提升節目收視率。透過直播也能讓這些名人與觀眾充分互動。映客也藉由《我是歌手》進一步擴大影響力，借助歌手打造品牌形象，同時為行動直播加溫，帶動映客直播大受歡迎。

湖南衛視透過《我是歌手》這樣的 IP 概念進行直播大獲成功之後，在 2016 年夏天推出的「素人」選秀《夏日甜心》也再度複製這種直播行銷模式。

《夏日甜心》是湖南衛視打造的偶像養成類選秀節目，湖南衛視擺脫以往的電視選秀模式，而是採取直播選秀、投票的方式，脫穎而出的選手就會獲得團體出道的機會。

這一次的直播行銷活動，湖南衛視不是與一家直播平台合作，而是與多家平台合作，如映客、花椒、一直播、網易 BoBo、網易 CC 等均參與其中。在這一次直播投票排名名列前茅的候選人將被直播平台推薦，有機會角逐湖南衛視綜藝女團的名額。

在這種利用 IP 概念做直播活動行銷的案例中，湖南衛視於 2016 年舉辦的網路直播選秀——《超級女聲》也是一個很經典的案例。該節目同樣擺脫往日傳統的選秀模式，與直播平台合作，採用網路直播方式獲得廣泛關注。

## 作秀直播模式：立體真實的個人魅力

在單純的個人直播中，有些直播主的行為被很多粉絲稱為「作秀」。事實上，對那些單純靠著耍寶來獲得個人粉絲的直播主來說，這的確是作秀。因此，很多商家、企業在進行直播時，往往為了避開作秀的成分，總是一本正經地在直播中進行銷售。

然而，這樣的直播也沒有人想觀看，所以對企業來說，想要獲得更多的直播行銷佳績，反倒需要加入一些作秀成分。但是，此作秀非彼作秀，這種模式是需要技巧的，以下舉幾個案例說明。

## 小咖也能表演得出人意表

想要讓你的直播更立體、更有趣、更吸引人，就需要出人意表地作秀。換句話說，就是要凸顯特色、凸顯個性，這樣的直播才能吸引人。

當然，這需要直播主多下工夫，在直播行銷中，加入個人特色和一些可以吸引使用者關注的要素與焦點。

在這方面，一直播平台就有成功的經驗。眾所周知，「小咖秀」在 2015 年是一個非常受網路使用者喜愛的直播平台，有很多名人也在小咖秀中擁有自己的小秀場。例如，知名演員賈乃亮就是小咖秀的大咖。在小咖秀中，賈乃亮經常模仿一些熱門的內容製作搞笑影片，極具個人特色。賈乃亮本人甚至覺得小咖秀是自己的另一個舞台。他在小咖秀的影片吸引眾多的粉絲，被稱為小咖秀的經典代表人物。例如，在 2016 年夏季里約奧運中，中國游泳選手傅園慧有一系列的搞笑言論，賈乃亮也在小咖秀中予以模仿、添加笑料，如圖 4-8 所示。

**圖 4-8　賈乃亮在小咖秀中的出奇表現**

因為賈乃亮的出奇表現，他被一直播相中，任命為一直播的創意長（Chief Creative Officer, CCO）。賈乃亮上任後的第一件事，就是充分利用自己的個性，負責執行當時亞洲熱映的韓劇《太陽的後裔》男主角宋仲基的亞洲巡迴見面會。

2016 年 5 月 13 日，賈乃亮在一直播裡與宋仲基對話。在這個過程中，賈乃亮再次發揮自己在小咖秀裡的作秀本領，創下近 200 萬人同時在線上觀看的直播紀錄，只用了半個小時就有累計超過 700 萬人觀看。

2016 年 5 月 18 日，宋仲基的北京粉絲見面會也是在一直播上進行直播。在賈乃亮這個創意長的創意作秀下，這一次見面會總共吸引 1,100 萬人在線上觀看，獲得將近 3,000 萬個讚。

從小咖秀的興起，再到直播大戰，一直播透過賈乃亮等名人的「作秀」重現奇蹟，後起反擊，在各大直播平台中展現自己的特色。

## 想作秀，就要去除「業配味」

在作秀的直播模式中，想要獲得人氣就必須發揮自己的特色，但是一定要避免做成行銷味十足的直播，因此作秀要非常有技巧。

### 1. 直播一定要去除「業配味」

企業直播時，要去除行銷的包袱，不要一上來就談論產品，也不能全程直播都在談論產品。去除業配味，做出屬於自己特色的直播，才能取得良好的行銷效果。

2016 年 8 月 15 日晚上八點，小米在一直播進行「小米 5 黑科技」的直播，雖然從直播的題目看來像是單純地推銷小米 5 手機，但事實上在這個直播中，我們根本沒有感覺到業配味，反倒像是以雷軍為首的幾個名人在做一場秀。在這場秀中，雷軍與技術人員現場演繹小米 5 的一些黑科技特點，比如利用鋼鋸、電鑽對手機加以擊打和破壞、技術人員表演的話劇等，如圖 4-9 所示。

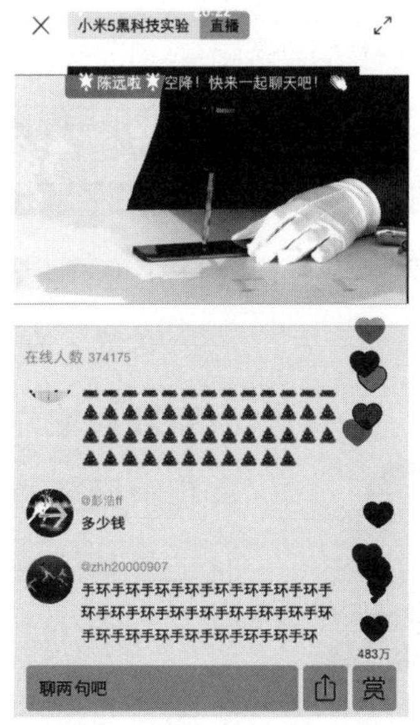


**圖 4-9　「小米 5 黑科技」在「一直播」中的電鑽鑽手機秀場**

這些頗具個性特色的橋段，讓使用者只感覺到這個直播是一個非常有趣的「秀場」，使用者甚至期盼著雷軍和他身邊的直播主們繼續「作秀」，而「小米 5 黑科技」的這個直播也在短時間內獲得數百萬人按讚。

### 2. 將產品與個人專業結合

在作秀的直播模式中，除了要去除「業配味」之外，還需要將產品與個人特色加以結合。這樣完美融合的直播，才能讓使用者喜愛，進而銷售產品。

例如，天貓直播中一家專賣紅酒的旗艦店，在直播中就用了「法國米其林大師秀廚藝」的主題，如圖 4-10 所示。從主題上來看，這顯然不是純粹的「行銷」直播，而是極具「作秀」性質的直播，而且透過主題也能看得出這個直播一定充滿刺激。

果然，在直播中，店家並沒有純粹地介紹產品，也沒有拿起一瓶紅酒講個沒完沒了，而是邀請法國米其林大廚在直播中大秀廚藝。在整個直播裡，使用者看到的不僅是滿桌的美

圖 4-10　天貓紅酒店「法國米其林大師秀廚藝」直播

食，還有大師精湛的廚藝。當然，店家的紅酒在這個過程中自然也不能缺席，如圖 4-11 所示。

**圖 4-11　天貓「法國米其林大師秀廚藝」直播**

透過這種「廚藝秀」，將產品完美地融入直播中，讓使用者對紅酒也產生一定的好感。如此一來，使用者就能邊看邊買，只要點選直播下方的紅酒連結，即可直接購買。如圖 4-12 所示。

**圖 4-12　觀看直播，邊看邊買**

因此，在作秀直播模式中，重點是「秀」，產品要在直播過程中巧妙融合，無縫接軌，讓使用者的感官和心理上自然接納，這樣的直播才具有價值與行銷意義。

## 限時搶購直播模式：產品銷售量翻倍的秘密

直播的目的是行銷，因此商家在直播中要想辦法讓使用者購買產品。

直播行銷對比圖片和文字行銷，可以讓使用者更直接地感受產品。而在這個模式中，再加入限時搶購的成分，就更能帶動使用者的購買熱情，讓轉換率（也就是購買商品的使用者數／觀看直播的使用者數）加倍成長。

當然，像淘寶直播、天貓直播等平台上的直播可以實現邊看邊買的形式，這樣的直播平台有利於限時搶購，更能激發使用者的購買熱情。對於那些沒有邊看邊買功能的直播平台，商家也可以在直播裡改用其他方法，刺激使用者購買。本節將介紹在限時搶購模式中，帶動使用者購買的技巧。

### 在直播中不斷跳出限時搶購的產品

有些直播平台提供了不離開直播介面，就能無縫購物的功能，例如天貓直播和淘寶直播。

因此，在直播中，商家要充分掌握這種無縫購物、邊看邊買的功能，要在直播介面中不斷跳出限時搶購的產品。

而在跳出這些產品資訊時，需要變換更多的方法進行。

例如，「阿妍紙」是一個專賣化妝品的淘寶商家，主要經營面膜、精華液、化妝水等各種產品。淘寶直播功能開放之後，這家店果斷地加入直播行銷，在直播中會由店主親自上鏡擔任直播主，不但會展現產品的用法，還會詳細回答使用者的問題，解決使用者在護膚保養方面的困惑。

為了吸引使用者購買，店家還在直播介面的螢幕上不斷跳出特價產品的限時搶購資訊。例如，直播主在直播中介紹一款毛孔收斂水之後，在直播的螢幕上就會快速跳出這款產品，如圖 4-13 所示。在這個跳出的產品中，不但介紹產品的價格，還凸顯出產品的三大功效：收斂毛孔、補水保濕、去黑頭粉刺。直播主在鏡頭前說「限時購買，加入購物車即可享受 9 折優惠」，使用者在螢幕上點選購物車標誌，即可將這款產品帶回家。

不僅如此，該店還變換多種跳出方式，比如還會在直播螢幕下方出現產品資訊，同時，如果使用者關注該店家，還可以限時領取該店的一個免費福袋，福袋裡面有店家免費贈送的產品和驚喜，如圖 4-14 所示。

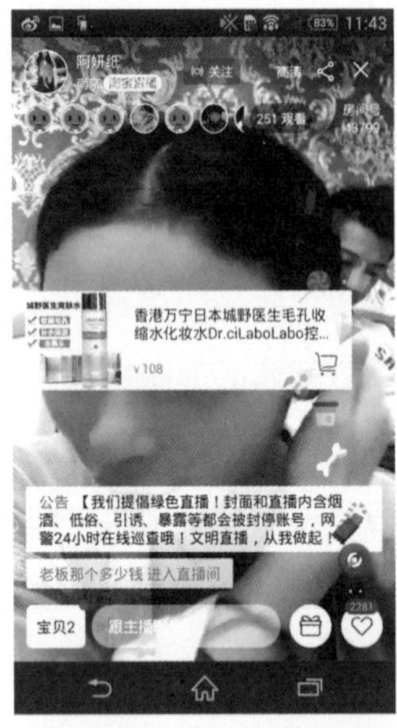


圖 4-13　淘寶化妝品店家直播，反覆跳出產品購買頁面

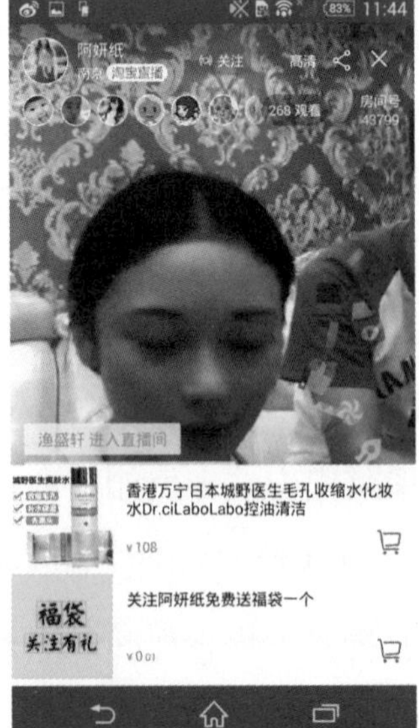


圖 4-14　淘寶化妝品直播下方跳出產品和福袋

又如，在天貓直播中有一家專賣燕窩、蜂蜜等營養品的店鋪，在直播裡不但向使用者講解要如何吃得更健康、如何做出健康營養的保健品，還在下方的「邊看邊買」區塊中加入該店鋪的產品，其中有很多都是限時搶購的產品，如「買 5 送 1 蔡府燕窩」、「買 2 送俄羅斯蜂蜜」等限時搶購優惠活動，如圖 4-15 所示。

**圖 4-15　保健品邊看邊買**

從這些案例中可以看出，企業在開直播時，一定要讓關於產品限時搶購的資訊頁面不斷曝光，讓使用者看到並無縫購買，千萬不能讓有人想買時找不到下單連結。

## 用犀利語言引導限時搶購

在直播中，想要讓使用者抓住限時搶購的機會即時購買，還需要直播主「助一臂之力」，以帶動使用者購買產品。當然，這離不開直播主的「犀利」語言。以下就來總結一下直播主經常用到的犀利語言：

（1）讓使用者不要錯過當下的情境，例如：「這款產品只限直播使用者搶購」、「直播之後就恢復原價」等。

（2）讓使用者意識到這次特惠有多划算，例如：「買二送一，逾時不候」、「之前原價已經賣出 ××× 件」等。

（3）讓使用者馬上動作，把商品快速加入購物車，例如：「後台顯示產品只剩 ×× 件」、「尚未購買的使用者可以先把產品加入購物車」等。

使用者會受到上述語言的干擾，想要抓住限時搶購機會。

在「波羅蜜全球購」的直播中，很多店家在直播時，都會使用一些犀利的語言來帶動使用者購買產品。「波羅蜜全球購」的產品都是來自全世界各地的精品，直播主會透過鏡頭深入當地店鋪，因此產品的特性和功能都能透過影音直播直接地展現。因此，產品的品質與真實程度是值得信賴的。在這樣先天優勢的情況下，再加上直播主的一些「犀利」語言助陣，就能快速獲得使用者的訂單。

在「波羅蜜全球購」的直播中，有一個來自韓國當地的化妝品店鋪就使用「限時搶購」的做法，主題率先就吸引了人們的關注：「千元限量禮盒 1 元購，給你送點實際的」，如圖 4-16 所示。

**圖 4-16　「波羅蜜全球購」直播韓國化妝品限時搶購**

一開啟直播，就會看到在鏡頭前有兩位直播主：一位是韓國當地店鋪的導購，另一位則是代購的直播主。

兩人會在直播中不斷圍繞著該店的產品展開對話，如產品特色和功能等。同時，直播主會說出「只要滿 50 元，就可以享受只需 1 元換購天然礦物精華泡沫潔膚乳」的話

語，並且不斷表露出「逾時不候」的態度，如圖 4-17 所示。這種「犀利」的語言也進一步促進使用者下單。有很多使用者紛紛發出彈幕：「真的很有吸引力」、「1 元換購好有誘惑力」、「已經下單了」等留言。

**圖 4-17　直播中直播主撩動使用者購買**

使用者在觀看時，如果想要加入限時搶購，即可點選下方的「1 元換購」，馬上購買，享受特惠。透過這樣的直播方式，這支直播影片在短時間內就有 9 萬多名的使用者觀看。

## 戶外直播模式：從外景到活動形式都要有看頭

直播行銷不應該局限於室內。例如，很多企業為了便利，會搭建一個類似室內錄影棚的地方，放一支麥克風，用幾支手機對準主角，開啟直播。這種模式太單調和簡單，使用者早就看膩了。因此，想要直播做得好，還需要配合情境，利用更加開闊的視覺感，多進行戶外直播。

戶外直播的看頭是什麼呢？主要是策劃，一定要策劃一個好的活動主題，然後再加上一些高級的視覺場景。這樣一來，使用者才會關注相應的直播。

### 虛擬實境打造酷炫直播外景

戶外直播如果還停留在用一支麥克風、一支手機完成，就完全沒有善用戶外的優勢，況且室外還有可能會面臨訊號不穩定、緩慢、延遲等情況，會降低使用者的觀看體驗。在未來，直播，尤其是戶外直播，互動感、趣味感、沉浸感是最重要的。這時候若能加入虛擬實境技術，把戶外直播與虛擬實境結合，會為使用者帶來異常刺激的體驗。

與現在網路直播和行動直播平面化的特性相比，虛擬實境直播可以將平面的圖像變得飽滿。透過虛擬實境技術，使用者更有機會沉浸在直播現場中，進而產生碰觸的欲望。

同時，加入虛擬實境的戶外直播可以讓使用者有身歷其境的逼真體驗，使用者的興趣和互動欲望也會提升，最終實現直播品質的飛快升級。

事實上，直播已經成為當前引爆年輕世代火花的行銷利器；加入虛擬實境之後的表現形式也會愈來愈多樣化，比如在國外，透過虛擬實境就可以直播醫生的開刀過程，用於教學。

在戶外直播模式中，虛擬實境模式深受歡迎，例如位於中國廣東的一家海洋生物博物館，就利用虛擬實境技術拍攝海底生態直播，為使用者帶來更立體、酷炫感十足的直播外景。

使用者在鏡頭前只需要戴上基本的虛擬實境眼鏡，即可透過直播看到企業產品在戶外的酷炫展現。有很多戶外運動品牌會開啟戶外直播模式，例如在美國有一個戶外品牌，就利用虛擬實境技術直播戶外愛好者攀岩的情形。在這個直播中，運動員身穿該運動品牌的特殊攀岩裝備，透過直播鏡頭拍攝出來的畫面酷炫感十足，讓使用者在觀看時連連叫好，還有很多的直播主會利用虛擬實境技術，直播跑步、健身等各種戶外場景。

透過這些立體酷炫感的技術加以呈現，戶外的直播就會更逼真，讓使用者猶如觀看大片，身歷其境。這樣的方式不僅會吸引人們觀看，也能推廣企業相應的產品。

## 戶外直播產品的使用過程

很多產品在室內直播無法全程展現出特色和最大的優點，尤其是類似無人機、旅遊、交通工具等類型的產品。在這種情況下，就需要打開戶外直播的管道，讓使用者觀看產品在戶外盡情使用的特性。這樣一來，就能全面展現產品，吸引使用者關注與購買。

在「阿里去旅行」的直播中，大都是呈現戶外旅遊產品的特色。如圖 4-18 所示，以一個名為「正青春在路上，美女主播帶你嗨」的直播為例，美女主播帶領使用者三日旅遊九寨溝、熊貓樂園及都江堰。直播主和自己的團隊利用戶外高科技產品直播整個過程，不但呈現出這三個地方的秀麗風景，更讓使用者在直播裡看到選擇這家旅行社產品享受的良好服務。

又如在天貓直播中，奧迪（Audi）A4L 汽車也展開試駕直播。在直播中，鎖定前來試駕的使用者，然後在車上加入高科技的攝影鏡頭進行戶外試駕直播，讓使用者進一步感受到奧迪汽車的各種高度性能，並且更充分、細緻地呈現給使用者觀看，有助於銷售這款汽車。

一家專賣運動營養品的企業，在天貓直播中採取戶外跑步直播的模式，如圖 4-19 所示。跑步嘉賓的身上隨身攜帶高科技的直播記錄儀，即時與使用者直播互動，在戶外展現自己在服用該店家的保健品之後，就可以持續跑步多久，並不會感覺疲憊等，讓使用者進一步感受到該店家的產品特性。使用者在觀看過程中，還可以接收到跑步嘉賓發出的口令，然後在直播裡輸入口令，就有機會獲得該店家的購物券和優惠。

圖 4-18　「阿里去旅行」戶外旅遊直播

圖 4-19　天貓運動營養品店戶外直播

戶外直播愈來愈受歡迎，與在室內對著電腦或麥克風的場景相比，人們更願意觀看直播主在戶外的活動場景。

當然，戶外直播時，除了可以使用虛擬實境等技術之外，還需要企業在網路訊號方面的技術努力突破。身處大城市的直播主出外景常常會遇到車庫、電梯等網路死角，很容易讓直播卡住，甚至斷線，因此企業在進行戶外直播時，需要保持網路暢通。

事實上，很多產品或服務都可以搬到戶外進行直播，因此戶外直播模式將成為未來直播行銷的流行趨勢。

## 顏值直播模式：從臉蛋到形象都需要包裝

在當今的直播行銷中，看似對直播主沒有門檻，但是其實愈沒有門檻，想要真正讓人喜好就愈難。那些能夠登上平台熱門排行榜的直播主，基本上背後都有經紀公司或團隊的運作，同時他們的顏值都是很高的。

雖然直播平台早已成為很多平凡年輕人的夢想平台，號稱「月薪百萬」的知名直播主也大有人在，而且各個直播主在不同平台之間跳槽也不算什麼新鮮事，但是並非人人都能獲得這麼高的待遇。同時要注意的是，顏值雖然可以成為網路經濟的一種籌碼，但並不是唯一，畢竟這個社

會不會只看顏值。

## 顏值高，人氣通常也高

在直播中，企業的目的自然是銷售產品，但是總歸來說，還是需要能凝聚人氣的直播主。使用者看的不只是你的產品，更要看直播主的顏值，顏值高通常人氣也高。

在美拍直播中，有一個叫做「國民歐尼」的女直播主，她定居在韓國，是一名大學生，在加入美拍直播之後，專注於明星報導、韓國大小事、旅遊、八卦等資訊。「國民歐尼」在介紹自己時，也經常自稱為「網紅」。

在「國民歐尼」看來，行動直播的興起為個人影響力提升提供最好的管道。起初，「國民歐尼」是透過一家經紀公司，正式入駐美拍，成為職業網路直播主。

當時簽約美拍時，公司和她對打賞的收入為「三七分」，但是公司並不對「國民歐尼」的底薪抽成，因此加上打賞，歐尼每個月的收入相當不錯。「國民歐尼」的直播並沒有什麼特定的主題，或者享受美食，或者八卦韓國明星，或者就只是隨意聊天。

在外人看來，這種直播方式的確很輕鬆，但是對「國民歐尼」來說，卻認為這份工作不太適合自己，因為她的真正重心都還是在學業上。因為晚上的粉絲會比較多，所以她的直播時間比較固定，大都集中在晚上八點到十一點。為了準備直播，「國民歐尼」經常需要在白天做大量的準備，尤其是要提前化妝。因為在她看來，想要直播人氣高，顏值很重要，若是不化妝，不上鏡，使用者就會減少很多。有了顏值之後，在直播過程中也要一直保持非常好的狀態，不停地與粉絲互動。在美拍中，「國民歐尼」的粉絲數接近 10 萬，而且每開一次直播，基本觀看人數都達到上萬，送花、遊艇的都有，如圖 4-20 所示。

圖 4-20　「國民歐尼」在美拍上的高顏值直播

從這類個人網紅的經歷來看，顏值的確在直播中占據很重要的分量。因此，對那些想要借助直播銷售產品的企業來說，必須有一個顏值較高的直播主，這樣產品才有可能被關注，直播才會更有人氣。

## 直播主的服裝、造型也是一大學問

既然了解顏值在直播中的重要性，商家在開直播時，就一定要注重直播主顏值的形象。以下我們用流程圖的形式，來檢視一下形象應該如何塑造，如圖 4-21 所示。

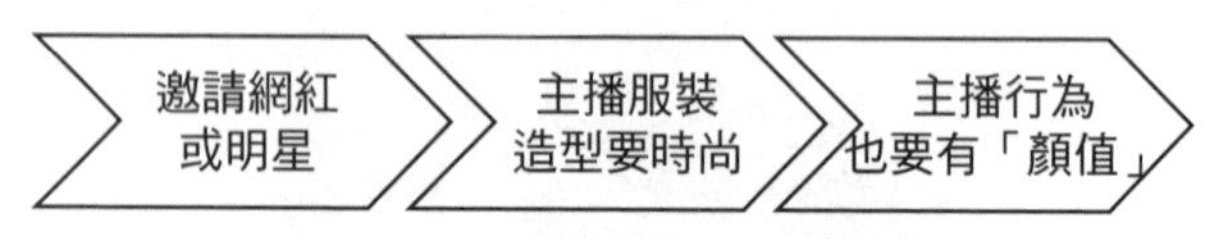


**圖 4-21　主播形象塑造流程**

### 1. 邀請顏值較高的網紅或明星擔任直播主

商家想要進行大型直播或想要依靠直播提升銷售量，就需要邀請一位顏值較高的直播主或是直接邀請明星上鏡。當然，像小米、阿里巴巴這樣的大型企業，如果創辦人親自擔任直播主，效果也不會比顏值高的直播主來得差。但是，大部分的企業還是應該以塑造顏值高的網紅、明星直播主來建立直播的影響力。

例如，SK-II 曾經邀請代言人霍建華擔任新產品發表的直播主，在美拍中上演一場別開生面的直播。這是霍建華第一次參加直播，在短時間內就獲得 270 萬人觀看，人氣與產品的曝光度皆呈直線上升。

### 2. 直播主的服裝、妝容造型要亮眼時尚

這是一個講究顏值的時代，除了那些依靠搞怪、專業、才氣等出名的直播外，其他絕大部分的直播都是依靠顏值來做為籌碼。另外，直播主的顏值還會體現在造型上。

穿什麼衣服、化什麼妝容、做什麼髮型等，這些都需要配合直播主題來進行特別精緻的設計和打造。例如，化妝品發表會的直播主在妝容上一定要注意，戶外直播的直播主在整體服裝搭配上要特別用心，必須和戶外場景顯得和諧一致。此外，還要根據直播間背景顏色來設計直播主的造型，讓使用者的視覺上有著舒適感而非突兀感。

### 3. 直播主的行為也要很有「顏值」

除了直播主的服裝造型之外，顏值還體現在行為上。有些直播主的舉手投足都很有感染力，人們就會格外願意觀看，如當下流行的賣萌姿態、嘟嘴等可愛姿勢。在這裡要特別注意，無論做什麼動作都應該有著一定的規矩姿態，

身體要柔軟且端正，不應該出現任何浮誇、歪倒、傾斜等令觀看者不適的姿勢。

做好上述三點，直播主的形象基本就能建立得不錯，相應的人氣也會有所提升。

## 每一句話都藏著吸引力或殺傷力

在顏值直播模式中，直播主說話也是顏值分數的一大部分。有些直播主無論是服裝、妝容或造型都無可挑剔，但是一開口就扣分，粉絲大量流失，原因就是「不會說話」。

那麼一個高顏值的直播主，應該如何說話呢？直播時必須具備的語言要素，可見圖 4-22 所示的內容概述。

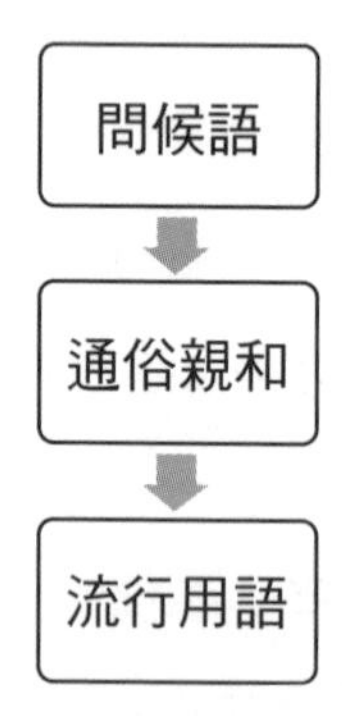


圖 4-22　直播語言要素

（1）一定要有問候話語。很多直播主一打開直播就開始自顧自地說話，事實上對粉絲是很不尊重的。粉絲畢竟從萬千直播中選擇了你，你應該給予禮貌性的問候，比如「×××們，大家好，你們辛苦了，愛你們……」。給粉絲這樣的資訊之後，粉絲就會覺得直播主與自己的距離很接近，會感受到溫暖和重視，也就會持續觀看直播。

（2）直播中不要有太多的專業術語，要親和通俗。直播主不要一上來就拋出專業術語，比如對產品或知識的解釋、闡述等。說話時要貼近使用者，盡量通俗表達；這樣會增強與粉絲的親近度，提高粉絲黏著度。

（3）多用流行用語。當下有很多網路流行語，可以從觀察新聞、搜尋引擎或社群網站得知，而直播是走在時尚尖端的一個模式，因此直播主必須透過直播表現出當下最多人關注和喜歡的話題，尤其當直播主並不屬於七、八年級世代時（例如企業經營者），脫口而出的流行語會大幅拉近和年輕世代的距離，從而吸引人們的觀看與分享。

# 5 有內容的直播才有料，有料的直播才有錢

- 從PGC到BGC，讓內容成為觀看的主體
- 有銷售轉換的內容才是有價值的內容
- 「花式直播」創造不同傳統的線性內容
- 至少要留下一兩句經典台詞
- 別只說產品，更要說「附加價值」
- 用專業、技藝、才華堆砌內容

使用者觀看直播的最主要動機之一是，為了滿足自身的某些需求。這些需求針對的，或者是產品，或者是服務，或者只是為了娛樂等。無論哪一種需求，使用者都想要從直播中獲得有價值的內容。

因此，直播必須注入有價值的內容、內涵豐富，才更能引導使用者消費。

## 從 PGC 到 BGC，讓內容成為觀看的主體

2016 年是一個以直播行銷大行其道的年頭，同時也是各大企業開始全面利用直播走向行銷新路線的一年。這時候，內容傳播變得特別重要。

在過去，無論是傳統行銷，還是較為保守的網路行銷，企業往往都有這樣的苦衷：恣意優惠、降價、折扣、送紅包，這麼做以後，到頭來企業究竟得到了什麼？人們只會記住那些有深度內容的企業，記住小米背後的「米粉」（指喜愛小米產品的消費者）、記住老羅創立的「錘子手機」（編注：指中國網路名人羅永浩設立的錘子科技所推出的智慧型手機 Smartisan T1）背後的辛酸。

在網路時代，消費者購物時的需求愈來愈高，不再只是追求產品的外在和價格，而是更追求精神共鳴。因此，

內容會決定直播行銷的成敗。沒有內容，那些只靠顏值，只靠說大話、講無聊內容的直播可說純粹只是「燒錢」的行為，真正好的直播必須具備優質的內容。

事實上，在直播行銷方面，很多企業往往會走入一個錯誤做法——以自我為中心。這些企業請來的直播主也好，或是品牌創辦人也罷，總是會圍繞著自己的目的，在鏡頭前自言自語，甚至不考慮使用者是不是喜歡、是不是感興趣，一味地製造大量關於產品、公司的內容，到頭來卻忽視真正為使用者創造的內容。

我們必須意識到，直播的內容同樣是「消費品」，與產品一樣重要。

首先，我們要知道什麼是使用者喜愛的內容。當前觀看直播的使用者大多是年輕人，以七年級和八年級為主，因此有名人的娛樂內容是很重要的。其次，對使用者的內在需求有所回應的內容也很重要。還有一些奇聞軼事、另類的消息也是使用者喜愛的，如圖 5-1 所示。

符合這三種形式的直播內容，往往會獲得人們的喜愛和觀看。在這方面，我們來看一下於 2016 年 8 月 9 日上午在美拍的一個熱門直播——「氣墊美術館的祕密 SNH48 帶你一起探索」。

這是時尚雜誌《米娜雜誌》舉辦的一場以時尚美容為

主的直播，教授使用者選擇氣墊霜的技巧。

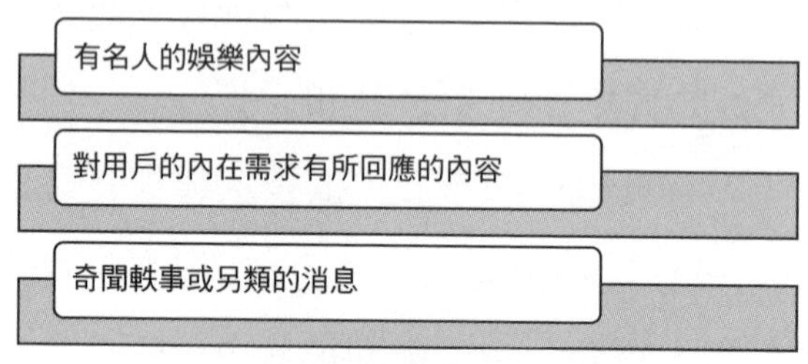


**圖 5-1　使用者喜愛的內容類型**

這是一場看似很普通的直播，卻在短時間內吸引上萬人觀看，因為這個直播有著優質的內容。

（1）直播中請到中國最大的少女天團 SNH48 亮相，這是眾多八年級消費者所欣賞和崇拜的明星團體，她們的一舉一動牽動著粉絲的心，因此光憑這樣的人物就吸引了大量使用者。

（2）該直播向大家講解如何選擇一款適合自己的氣墊霜，這對大量女性使用者來說是一個極度實用的教學。對女孩來說，美容護膚保養往往是極具吸引力的不敗內容之一，而且明星團體現場試用大量的氣墊霜，一步一步教導大家選擇適合自己的氣墊霜，更讓人轉移不了視線。

（3）該少女團體在直播中除了對氣墊霜的講解之外，還吐露很多少女團員的糗事與趣事，而這些明星的生活細節或趣事八卦也是年輕使用者所喜歡的，如圖 5-2 所示。

**圖 5-2　SNH48 參加《米娜雜誌》氣墊霜的直播**

這個直播包括使用者喜愛的內容，自然也就能獲得大量使用者的青睞和觀看。

當然，對很多直播平台來說，如何選擇有內容的直播入駐很重要。很多直播平台都在直播一些俗不可耐的影像和一些膚淺的內容。事實上，擁有愈多優質內容的直播平台，人們下載與使用的數量也會愈多。

在這方面，星發布平台就做得很好。星發布娛樂認為直播是可以另闢蹊徑的，只要你找對方向，就不缺好的內容。星發布 App 的直播並不是當下常見的素人直播主類型直播，而是緊密連結明星與粉絲的直播，讓粉絲得以隨時

看到自己的偶像訪談、發表會、演唱會的直播。

在內容上，首先，星發布了解使用者的需求，讓粉絲與明星可以透過直播進行零距離互動。其次，星發布更關注使用者的需求，讓粉絲不分時段想看就看，如圖 5-3 所示。

圖 5-3　星發布直播平台

在直播行銷時代，新技術、新產品層出不窮，星發布認為只有定位在大眾的媒體產品，才能迎來新機遇。媒體產品必須確定自己的價值取向，才能確保本身能走得更遠。身為一個剛興起網路新媒體的明星直播發表平台，星發布鎖定自身定為服務明星與使用者，提供優質服務，以內容為王。星發布表示只有以服務使用者為中心，認清自身的發展方向，把真正有價值、有創意的內容做到極致，才能迎接真正的「直播時代」。

另外，對直播主而言，內容的塑造很關鍵。隨著直播業者愈來愈多，商業性愈來愈濃，競爭愈來愈激烈和殘酷，對直播主的要求也愈來愈高。直播主必須更能吸引目光，才能站穩腳跟，各種搞怪、新奇、刺激、有趣、內涵豐富的內容才能吸引人們。

無論是企業品牌，還是直播平台，或是直播主，想要在直播上取得成功，都要學會用優質的內容來駕馭直播，否則只是一味燒錢和自嗨。

## 有銷售轉換的內容才是有價值的內容

很多企業或直播主認為，在直播時根本不需要準備過多的內容，因為他們看到很多只靠直播吃飯、玩狗等的網紅就可以大受歡迎，所以這些人覺得只要好玩就可以了。然而，事實上這些所謂的「日常生活直播」，真的能為企業帶來很大的品牌曝光量和銷售轉換嗎？

企業直播的目的就是品牌曝光、關注度、銷售量。直播的門檻看似很低，但那是指技術和設備而言；在直播的內容製作上，門檻其實還是相當高的。

一場真正能夠帶來品牌曝光量、銷售轉換量的直播，很大程度上是由內容決定的。企業品牌直播的內容得要有銷售轉換量才有意義。本節將從三個方面介紹直播的銷售轉換。

## 專業產製內容（PGC）

PGC 就是 Professionally Generated Content，是專業產製內容的意思。當今那些做得好的企業直播，其銷售轉換大都仰賴專業產製內容。在直播行銷領域裡，PGC 中的「P」更聚焦於話題性人物，主要指三類，即明星、網紅、專家。

### 1. 明星的影響力

一提起明星帶來的直播效果，我們就會想到巴黎萊雅在 2016 年 5 月坎城影展的明星直播，這真的是一場華麗的暴發戶等級直播。巴黎萊雅是這一次坎城影展的主贊助商，這一次名為「零時差追坎城」的直播，向使用者全程展現鞏俐、李宇春、李冰冰、井柏然四位代言人從下飛機到入住酒店的所有過程。這場直播看似沒有什麼特別的策劃，就只是明星進行日常的輕鬆對話，沒有專業布景和攝影師，只靠手機跟拍。在直播中，明星不斷提及巴黎萊雅的產品，主持人也順勢呼籲粉絲在天貓搜索「我愛萊雅」，即可購買明星同款產品，配合促銷。

正是因為有這些明星參與，這種置入直播中的「置入性行銷」，看起來不再那麼生硬。巴黎萊雅這一次直播的轉換效果就很不錯，特別是「李宇春同款」的系列唇膏，在直播後短時間內就出現賣到缺貨的現象。

### 2. 網紅的影響力

網紅的影響力雖然不如明星，但是卻因為獨特的個性和在某圈子內的受歡迎程度，也受到很多商家青睞。商家在邀請網紅直播時，通常會採取人海戰術，也就是邀請多位網紅進行同一主題、不同內容的直播，例如淘寶曾在「餓貨節」期間邀請大量網紅進行團體直播。

2016 年 5 月 17 是淘寶舉辦的「餓貨節」，期間有「同道大叔」、「深夜發媸」、「暴走漫畫」、「司文痞子」等數百名網紅，輪流進行總計九十六小時「花式吃外賣」的直播。該直播引來數百萬人線上瀏覽，如圖 5-4、圖 5-5 所示。

這些網紅的「花式吃外賣」直播內容，包括健康吃外賣、優雅吃外賣、反手剝麻辣小龍蝦、用刀叉吃雞爪、連吃五十個生煎包、健身達人傳授吃外賣心得等。

圖 5-4　百位網紅聚集淘寶直播「餓貨節」

圖 5-5　淘寶時尚達人參與「餓貨節」直播

### 3. 傑出專家的影響力

除了明星、網紅之外，其他領域的傑出專家影響力也不容小覷。學者、作家、科學家、企業家等都屬於傑出專家，尤其是在網路科技領域內的企業家，當前更是備受關注。

2016 年 5 月，小米科技的董事長雷軍透過自家直播平台——小米直播，直播「小米無人機」發表會。在這一場別開生面的直播發表會上，雷軍詳細地講述「小米無人機」的功能及規格等。這一場直播的上線人數超過 100 萬人次，吸引的粉絲人數超過 10 萬。在直播過程中，雷軍也瞬間成為網友心目中的「新任網紅」，而小米的產品也受到格外廣泛的關注。

此外，還有更多以法律、歷史、哲學、科學、藝術……等等為主的社群，強調將冷僻知識人性化，這些社群的主導者雖然不見得具有顯赫背景或學位，但也往往能藉由專業領域知識的傳遞，創造出色的 PGC，其影響力甚至可以媲美明星與網紅，堪稱是來自草根的重大影響力。

因此，我們可以看出在直播行銷中，專業產製內容發揮至關重要的作用。可以說專業產製內容貢獻了一半以上的品牌曝光量和銷售轉換量。

當然，企業策劃優質的直播內容之後，還需要將購買產品的管道與直播緊密地加以連結，讓使用者能夠一邊觀看直播，一邊購買，這樣就更能打鐵趁熱，實現更大的銷售轉換了。

### 使用者產製內容（UGC）

UGC 是指 User Generated Content，即使用者產製內容。在如今的直播圈中，甚至流行著這麼一句話：「一切沒有使用者產製內容的直播都是自嗨。」

智慧型手機的普及、上網成本的降低，行動上網快速打開人們的想像空間，以「行動＋互動」的模式，讓全民

參與直播。在「行動＋互動」的模式下，直播的內容邊界被無限擴展。

這樣一來，對直播行銷而言，使用者參與才是直播受歡迎的最核心要素之一。

特別需要闡明的是，直播行銷裡的使用者產製內容，不只是指彈幕或留言功能裡的「網友評論」。直播行銷的使用者產製內容除了可以表達自己的感受和見解以外，還可以左右直播的內容，使之變得更有趣、豐富。

例如，Twitch 平台上便曾經發起「萬人共玩神奇寶貝的活動」，讓使用者可以將聊天室的訊息轉化為控制畫面的指令，左右畫面中神奇寶貝的動作，且因為下指令的線上網友過多，許多指令經常無法完成，造成主角在畫面上四處亂跑，意外創造加倍的趣味性。

直播承載著社交的屬性。正如臉書推出 Live 直播功能時，祖克柏說過：「直播就像在你的口袋裡放了一台微型錄影機。」所有拿手機的人，都有能力與機會向全世界播放影片。因此，讓使用者參與進來並生產內容的直播才能更加長久。

### 品牌產製內容（BGC）

直播行銷和影音行銷、微信行銷等都是為了企業品牌與產品進行推廣，這幾個管道沒有什麼本質上的區別，都看重內容的創意。

企業直播行銷的品牌產製內容（Brand Generated Content, BGC），最重要的作用就是，展現品牌的價值觀、文化、內涵等。直播的內容有時候很無聊，但是只要能夠反映品牌的價值觀與內涵的直播，就是好的直播。

Waitrose 是英國的一家高級超市，該超市的一大特色和優勢是銷售的產品都是新鮮的食材。為了證明食材新鮮，Waitrose 入駐 YouTube 影音網站，並且開設專屬的直播頻道。Waitrose 裝設 GoPro 攝影鏡頭在農場乳牛身上進行直播，讓使用者能清晰地看到食材供應源頭的實況畫面，如圖 5-6 所示。

**圖 5-6　Waitrose 在乳牛身上做直播**

這種直播真正抓住人們內心對食品安全的需求。在聽

見直播中乳牛咀嚼青草的聲音時，觀看直播的使用者似乎吃下一顆定心丸，這場直播可以說是使用者的心理安慰劑，屬於很成功的案例。

再來看愛迪達（Adidas）Originals的跨界塗鴉藝術直播。Originals 系列於 1972 年創立，是愛迪達的經典系列，一直以來，在保持經典的同時，不斷進行創新，兼具復古內涵與時尚活力的愛迪達 Originals 在發表新品 Originals ZX Flux 時，與嗶哩嗶哩彈幕網聯手，在上海旗艦店舉行「Flux it! 創作直播」。

在這一場別開生面的創意直播中，有眾多的藝術家將 ZX Flux 當成畫布，進行現場繪畫，藝術家還與網友互動，並且根據網友在觀看直播時提出的彈幕意見，即時變換鞋面色彩、圖案等創作元素，為網友呈現一場充滿無限可能性的跨界塗鴉藝術形式。

這場直播獲得大量年輕人，尤其是愛迪達粉絲的熱愛，人們紛紛按讚、轉發，也為愛迪達 Originals ZX Flux 新品帶來可觀的轉換量。

## 「花式直播」創造不同於傳統的線性內容

在直播的演進過程中，我們看到許多直播的內容十分傳統，可能只是說說話、聊聊天。如果是明星名人，這樣的直播或許還可以贏得關注。如果只是普通的商家或素人，想要透過這樣的直播贏得銷售轉換，幾乎是不太可能的。

因此，在直播中要注重內容的變化。本節將介紹「花式直播」的相關內容。

## 顛覆傳統流水帳式的線性內容

在直播中，想要有更多收穫，首先就要打破傳統的流水帳式線性內容，打造創新的形式。

在直播剛剛興起時，一個人、一支麥克風、一支手機、一間房間就可以開直播，在手機鏡頭前與使用者聊天或表演。隨著企業加入直播的行列，變成是直播主在鏡頭前開始介紹產品。這樣的方式相當傳統，甚至可以稱為流水帳，愈來愈讓人難以接受。

那麼如何才能真正顛覆這種方式呢？

在這裡，我們以湖南衛視在 2016 年夏天推出的綜藝節目《夏日甜心》為例。《夏日甜心》是湖南衛視於 2016 年暑期推出的大型女子團體綜藝節目，凸顯原創性質，玩法十分獨特，完全展現八年級的青春、活力、個性及正能量，是一檔為億萬粉絲量身訂做的節目，目的在於透過全新的方式打造中國第一個女子綜藝團，成為湖南衛視未來的綜

藝接班人。

該節目的導演組從亞洲各地選出 31 位女孩，她們各有不同特色，是充滿活力、個性鮮明的八年級女生代表。這些女孩將透過攝影棚現場直播的方式，讓現場觀眾認識並喜歡她們，而現場觀眾將以贈送「甜甜圈」的方式表達對她們的喜愛。

在節目中，由李維嘉、黃宗澤、大張偉、張翰、張大大組成甜心兄長團，透過助播、遊戲等多種方式鍛鍊少女的主持能力，幫助這些少女更能展現自己，並且提升應變能力，最終實現綜藝主持夢。

《夏日甜心》全方位將綜藝與直播形式進行融合交織，並且結合手機直播、行動直播的元素和質感，展現年輕人的精神風貌，直播發表會如圖 5-7 所示。

圖 5-7　《夏日甜心》發表會採用直播方式

《夏日甜心》是「直播基因」的深度釋放，完全顛覆傳統電視綜藝節目的型態。

31 位在直播間的女孩，必須獲得現場觀眾和甜心兄長團的 300 萬個甜甜圈，才能從直播間走到舞台上。因此，直播占據了節目很長的時間。這是一次面對全民的「直播公開課」，是一種與人交流的全新方式。

同時，這種直播方式也讓更多觀看直播的人了解主持人成名路上的艱辛。這種顛覆傳統的「直播＋綜藝」的方式，的確打造了直播的嶄新運用方式，讓直播變得愈來愈豐富。

## 做使用者沒看過的內容

在如今花樣百出的直播中，使用者更青睞那些包含新鮮、刺激元素的直播。

假如有兩個直播，分別是「二十四小時車內生存挑戰，全程直播」和「聊聊車內的奇葩經歷」，你會選擇哪一個直播？顯然大多數的使用者會選擇前者，這是因為前者的內容更新鮮、刺激，才能夠吸引觀眾。

策劃的主題可以有吸引力一些，利用一些噱頭抓住使用者的獵奇心理，吸引使用者觀看直播。需要注意的是，策劃可以是有預謀的，但是千萬別把使用者當成猴子耍。

他們並非一本正經地在觀看，因此在直播中適當加入一些讓使用者感覺很不可思議的內容，或是故意出錯、穿幫、鬧笑話，反而會吸引更多的使用者關注。

當然，做使用者沒有看過的內容，還包括個性化的內容。個性化一直以來都是網路行銷的一大法寶，無論是社群或網路行銷，個性化都能夠抓住人們的目光。在直播中也是如此，想要讓內容有料，就要加入一些個性化的內容。

## 至少要留下一兩句經典台詞

在當今的直播時代，信手拈來說出幽默趣事的人似乎比網紅更紅。2016 年 8 月里約奧運期間，中國游泳選手傅園慧的一句「我已經使出了洪荒之力」，成為整個奧運期間的金句。一夜之間，這一位並沒有獲得冠軍的游泳小將卻人盡皆知。

在直播中更是如此，那些信手拈來說出幽默趣事的人所造就的金句，成為人們觀看的最主要因素之一。因此，在直播中加入一些幽默語句，可以讓直播內容更具特色，更能吸引人們觀看。

在這方面，奧利奧（Oreo）餅乾在天貓直播上就做得很好。2016 年 8 月 4 日晚上，奧利奧美味雙心餅乾與綜藝圈內的大張偉和薛之謙，在天貓直播上演一場真「薛」話「大」冒險的直播，如圖 5-8 所示。

**圖 5-8　大張偉和薛之謙做奧利奧直播**

眾所周知，在綜藝圈內，這兩位明星是著名的「南薛北張」，甚至被大家視為是歌壇內的相聲表演者。這一次，兩人在直播間演繹當下最熱門的網路現象「北京癱」（編注：是一種坐姿，形容北京的小孩子沒有坐相）和「上海抱」，主題內容頻頻圍繞奧利奧美味雙心餅乾，說出各種幽默搞笑的語句。

在這一次的直播影音中，大張偉和薛之謙頻頻說出各種經典語句，比如兩人各用北京話與上海話來說笑，惹得觀看直播的使用者忍俊不禁，不斷送花、按讚。

天貓直播對於內容的要求十分嚴苛。目前其他直播平台的內容多以使用者為主，由直播主發起，並且不會事先規劃，和使用者聊到哪裡就算哪裡。但是對天貓來說，這種方式太過普通，天貓直播的內容是以專業產製內容形式產生的，都是由專業化製作團隊製作。因此，天貓直播更用心、內容更豐富，更像是一場精心策劃的真人秀節目。

像奧利奧這樣的大品牌出於對本身定位的考量，往往會傾向於邀請明星或代言人來直播，而明星對自己的每一場演出要求也都很高，各種幽默風趣的內容皆為直播錦上添花。

如果明星開直播只是坐在鏡頭前聊天或者介紹產品，就會顯得單調，容易讓使用者產生疲乏感。而讓明星說出有趣的語句，就能讓使用者看到明星幽默風趣的一面，增加對明星的好感，也對這場直播留下「記憶點」，相較於許多純粹的閒聊和推銷，有經典台詞出現的直播，更容易讓人記住。

大張偉和薛之謙這一次在天貓中為「奧利奧」做的直播，影音播放次數高達 2,800 多萬，短短一小時的直播過程中，粉絲互動就達到 300 多萬次，打破了天貓直播的多項紀錄。同時，奧利奧品牌當天在天貓所有管道的銷售量，也比平常翻漲 6 倍以上，很多消費者甚至在直播中大呼「斷貨了」、「求補貨」等，如圖 5-9 所示。期間，奧利奧旗艦店裡的新顧客所占比重更是高達 91%。

圖 5-9　「奧利奧」大薛禮盒產品銷售

又如，2016年8月8日在天貓直播中一檔叫「健康早餐，從荷開始」的直播也吸引大量使用者的關注。

在這一次直播中，兩位美食達人不僅親自烹調健康早餐，更是在做早餐中妙語如珠。這樣的方式讓整個煮飯的過程顯得有趣生動，使用者也就十分願意觀看。

直播主還針對需要用到的食材進行幽默的互動，針對大廚詢問的問題，助手卻在旁邊答非所問，但卻頻頻惹得觀眾叫好。兩人一問一答，就如同說相聲，內容更豐富，涉及層面廣泛，不僅教授使用者煮飯的技巧，更帶來許多歡樂，如圖 5-10 所示。

圖 5-10　「健康早餐，從荷開始」直播

直播的下方顯示的就是這一場直播裡直播主用到的荷蘭早餐食材。各式各樣的食材，使用者只要直接點選連結即可購買，還有機會享受店家的優惠，如圖 5-11、圖 5-12 所示。

圖 5-11　直播下方的產品購買連結

圖 5-12　一邊看一邊購買荷蘭食材

透過這些案例，我們可以看出，一個內容單薄的直播，就算邀請名氣再大的明星參與，也無法保證使用者會大量購買。使用者可能會對明星有好感，卻不一定也會對產品有興趣。但是，如果在直播中留下幾句令人回味的經典台詞，這樣的直播就會更耐看，直播的產品也更容易吸引使用者購買。

## 別只說產品，更要說「附加價值」

在直播中，雖然目的是銷售產品，但是千萬別只說產品。事實上，我們觀看那些成功的直播，很少是一味地販售商品、一味說產品。那麼企業開直播，不說產品又要說什麼呢？不妨適時說一下「附加價值」。

調查發現，現代使用者想要購買一個產品的主要目的，已經由原來的無彈性需求到彈性需求，最重要的就是要有附加價值，有附加價值的東西，大家才會購買。因此，在直播中要適當加入一些附加價值的內容。

附加價值的內容方面，可以從下述幾點著手。

## 1. 陪伴

一種新媒介的廣泛使用，所產生的影響是廣泛的。事實上，直播的核心之一就是陪伴，而這也正是直播的社交屬性。

目前很多網路使用者多是年輕人，而且多數還是獨生子女。在這樣的一個群體裡，什麼才是最能引起共鳴的呢？答案就是孤獨，孤獨感是人們進行社交的一股動力。而直播做為一種社交形式，也可以讓使用者忘卻孤獨感，產生存在感與價值感，從而獲得溫暖。

如果想要累積一定的使用者，讓更多人對你的產品叫好，你的直播就需要從「陪伴」的角度出發。

直播主要讓使用者感受到自己並不孤單，而是有著一群人陪伴。在這種引起共鳴的互動社交中，置入產品，並且將產品和這種共鳴陪伴緊密地結合，這樣的直播一定能夠引起人們的關注。

例如，三星（Samsung）在發表一款手機時，就借用「陪伴」的主題策劃了一個直播。在直播中，三星邀請很多代言人一起暢談離家時的感受。在這種氛圍的閒聊中，參與的使用者也愈來愈多。隨後，代言人就聊起三星的這款手機能為自己帶來更多的安全感、陪伴感等特色。這種巧妙置入廣告的方式，讓使用者為之感動，提升這一款手機在使用者心目中的分量。

## 2. 分享

臉書在 F8 開發者大會上，技術長麥克・斯科普洛夫（Mike Schroepfer）說了一段話：「你們之中有多少人是一個人去電影院看電影的？為什麼你會和別人一起前往一個封閉的地方，也無法和他人交流，只是盯著螢幕？為什麼不選擇一個人去呢？因為你和別人在一起，共用的是一個空間，能夠製造一段美好的回憶，這種體驗是人與人之間交流的本質。」

這段話說明人們有交流、分享空間的需求，而直播擴大了這種交流所共用的範圍，讓更多的使用者分享共用空間的樂趣。

對企業來說，分享就是一種直播的附加價值。和別人一起共用美好的東西，是多數人樂於接受並參與的行為。因此，在很多的直播中，企業往往會要求直播主將自己很多特別的東西或記憶拿出來和使用者分享，或是可以讓直播主編撰一段與產品的難忘往事。這樣的直播可以讓使用者沉浸其中，不知不覺中加深對相應產品的好感。

### 3. 讓用戶學到東西

如果你想在直播上販賣東西，一定要站在使用者的角度，盡可能地讓使用者在直播中有所獲得。

在這方面，「天貓直播」就做得很好。在天貓入駐的很多商家紛紛利用「天貓直播」進行產品銷售。然而，在直播中，那些成功獲得銷售轉換的商家並非一味地介紹產品，而是將產品與教學加以結合，為使用者帶來更多有附加價值的服務。

例如，有些化妝品的直播改變原本介紹化妝品的特色、成分、原料、功效、價格等內容的方式，轉而直播彩妝老師的化妝過程。在直播中，直播主往往會一邊為模特兒上妝，一邊介紹每一款產品的質地、優點、用法及適合的膚質。

此外，觀看直播的使用者還可以針對自己的膚質和產品的相關問題進行提問，直播中的專家會一一解答。

這樣一來，使用者不僅能詳細了解產品，還會對自己的皮膚和選擇化妝品的方法有了認識，同時學會很多的化妝技巧。這時候使用者就很容易產生購買欲望，甚至點選連結下單購買。

又如，2016 年 8 月 9 日是七夕情人節，針對這個節日，有一家專門銷售紅酒的天貓商家在天貓展開直播。該直播的主題是「專業品酒師帶你品評紅酒」，如圖 5-13 所示。從標題中，我們就知道使用者能學到品評紅酒的相關知識。

圖 5-13　紅酒專賣店直播的品酒主題

在這個直播中，來自香港和海外的更多知名品酒師聚集在一起，身邊擺放著許多該店的知名紅酒產品，品酒師一邊聊天，一邊品酒，還教導那些線上提問的使用者品酒的技巧和方法，讓更多使用者學到知識，如圖 5-14 所示。使用者學到品酒的技巧和本領之後，自然就會想要購買該店的紅酒。使用者直接點選直播下方的紅酒產品即可購買，如圖 5-15 所示。

圖 5-14　教導使用者的品酒直播

圖 5-15　點選連結即可購買產品

直播最忌諱的就是只說產品，所以想要直播效果好，在內容上一定要注意這一點，多說一些使用者有需求的附加價值，讓使用者覺得你的直播有看頭，具有實用價值。

## 用專業、技藝、才華堆砌內容

事實上，任何行銷都應該創新，並且站在使用者的角度，推出真正讓使用者喜歡和接受的內容，這樣的內容才真正稱得上具有實力。本節將介紹「實力派」直播的相關內容。

## 真正的高手往往是素人出身

俗話說：「高手在民間。」有許多直播會大受歡迎的主要原因就是善用素人專家。例如，各大影音網站都曾轉發一個名叫「民間高手直播活抓漲停進行中」的直播。這是一個怎麼樣的直播呢？在這個直播中，有素人專家教導使用者如何實際掌握股票漲停板。這是十分實用的原創直播，提供全面、專業、及時的財經資訊，將眾多財經新聞進行濃縮，使得內容更加豐富。

在直播中，這位素人股市大師選出漲停牛股，之後被選中股票的都出現上漲情勢。這個直播甚至驚動中央電視台，並且在各大影音網站相繼大受歡迎。

很多企業也紛紛偷師，利用一些素人專家打造有趣的內容直播，吸引人們的關注。例如，愛迪達曾經邀請一些素人藝術家做街頭藝術表演並直播，而該直播為的就是宣傳愛迪達的新款產品，引發很多網友的關注。

在嗶哩嗶哩動畫網站的直播頻道中，經常有著邀請素人參與直播的節目。例如，在繪畫專區，就有很多素人漫畫愛好者直播自己的漫畫創作過程，如圖 5-16 所示。這些直播瞬間就能吸引成千上萬的人關注，人們非常喜愛這種有才華的素人高手的直播內容，紛紛主動轉發分享。

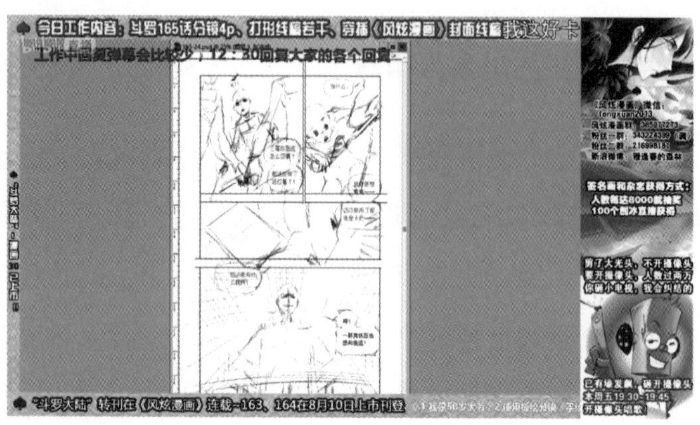


圖 5-16　嗶哩嗶哩中民間漫畫高手直播創作

## 打造「無邊界」內容，才能不斷被轉發分享

在任何形式的行銷中，都可以大膽擁抱創意，做出「無邊界」的內容。我們在電視廣告中看到的那些成功廣告，如耐吉（Nike）、iPhone，在它們的廣告內容中甚至根本看不到產品，但是最終表達的概念與主題卻深植人心，這就是「無邊界」內容的超級影響力。

很多企業在進行直播時，也應該學習這種無邊界的方式做創新內容的直播，吸引人們的關注。

例如，在淘寶直播中有一家專賣童裝的商家所做的直播就很有意思。該商家出售各種嬰幼兒、兒童純棉服裝、時尚服裝，直播的內容是台灣的一個媽媽親手拍下爸爸在家帶孩子，為女兒和兒子蓋被子的影片。

在短短不到一分鐘的直播中，這位爸爸為女兒和兒子蓋被子，但是無論怎麼蓋，兩個孩子似乎都不需要被子。兩個孩子安穩地熟睡在爸爸的身邊，彷彿對身上的衣服特別滿意，只想穿著睡衣睡覺，不想蓋被子。

這樣的畫面很溫馨，卻也十分無邊界，一開始很難讓人想到這是針對這家店的兒童精品服裝做的直播。大多數人在第一時間會認為這只是一個家庭的日常直播。但是，在直播下方卻出現該店家的純棉男童短袖襯衫的購買連結，如圖 5-17 所示。使用者進入該店首頁後，還可以看到更多該店的童裝產品。

**圖 5-17　淘寶童裝店家直播無邊界內容**

這樣無邊界的內容更容易打動使用者，可以讓使用者更自然地接受企業的廣告。

企業在創造無邊界內容直播時，需要站在使用者角度，做出可以打動或震撼使用者的直播。這樣一來，你的產品或服務就能更順利地被使用者接受。

## 讓使用者參與直播是最好的內容

讓使用者參與的直播，不只是局限在讓使用者贈送鮮花、魚丸、汽車、遊艇，更重要的是讓使用者真正參與企業舉辦的直播活動中。這需要的不只是好的直播主，更需要完美的策劃。

2016 年 6 月 29 日，「樂迷社區」直播服務平台——樂迷面對面（隸屬樂視旗下），同期直播樂 2「英雄本色」新款手機的發表會。

在發表會現場，樂視挑選多位「樂迷」與樂視的高層，一起坐在前排的最佳位置。「樂迷」用自己的樂視手機全程直播發表會現場，在直播中，「樂迷」與「樂迷社區」裡上線的 2,000 多萬「樂迷」，多角度分享發表會盛況。

發表會過後，樂視移動公司總裁馮幸也在「樂迷社區」的直播平台，與「樂迷」透過直播的方式面對面交流，「樂迷」可以透過直播互動向馮幸提出問題。

馮幸在直播向大家表明，樂 2 手機之所以得到升級改進，原動力就是來自於使用者，因為樂視透過很多直播形式來蒐集大家的回饋意見，為了滿足使用者的需求，做了手機功能與顏色等全方位升級。而這一次直播也是如此，在直播中，樂視依然會接受大家對手機的回饋，在下一次的新款中加以改進，全面升級。

在這場直播中，使用者不但零距離地感受樂視產品服務的體驗與魅力，更透過提出自己的回饋和意見，讓自己間接成為樂視下一個產品手機的設計師。這種讓不同視角的使用者參與的直播意義深遠。此次直播共計超過 95.9 萬使用者觀看，互動量也超過 15.1 萬則，按讚數更超過 123.5 萬。

讓使用者參與互動的直播正是一種「實力派」的直播，是可以奠定使用者基礎的直播。

# 把你的直播告訴每個人

- 文字宣傳的推廣技巧
- 選對目標觀眾所在的地盤推廣
- 即時通訊推廣的群組號召
- 社群網路的傳播與轉發
- 借助熱門話題的「病毒」
- 利用品牌既有口碑來推廣

任何行銷方式和工具都需要事前的推廣，尤其是在網路行銷中，隨著各式各樣的資訊工具與軟體平台興起，行銷推廣更成為重要的一環。直播也是如此，內容再好、直播主再好，如果沒有恰當地推廣，相應的行銷效果也會差強人意。本章就著重介紹在直播推廣的技巧和方式。

## 文字宣傳的推廣技巧

文字廣告推廣是一種針對各大行銷管道都很基本且實用的方式。除了圖片、影音廣告之外，也有很多使用者會將注意力集中在那些短短幾百字的文案上，特別是那些較需要充足訊息、較缺乏零碎時間的使用者，更需要有流暢吸睛的文案來將他們領進門。所以，文字廣告行銷就成為必要的方式。

在直播行銷中，文字廣告推廣看似不起眼，但卻不可或缺。因為沒有什麼媒介比文字更能把訊息說清楚，這時候文字廣告推廣就顯得很重要。

掌握文字廣告推廣技巧是直播行銷人員必備的技能之一，應該說文字廣告推廣貫穿整個網路行銷工作，無論哪一種推廣方式都離不開文字廣告。本節將著重介紹文字廣告推廣的技巧。

## 原創文字廣告的關鍵字

在文字廣告直播推廣中，首先要學會的就是原創性，原創的文章往往更能吸引人們的關注。

原創文字廣告的寫作技巧有很多，每個原創作者都有自己的寫作特色。但是，在直播行銷推廣中，文字廣告寫作要特別注重關鍵字的選取。通常文字廣告會選擇具有實用意義、獨特視覺及略帶爭議的詞彙做為關鍵字，如圖 6-1 所示。

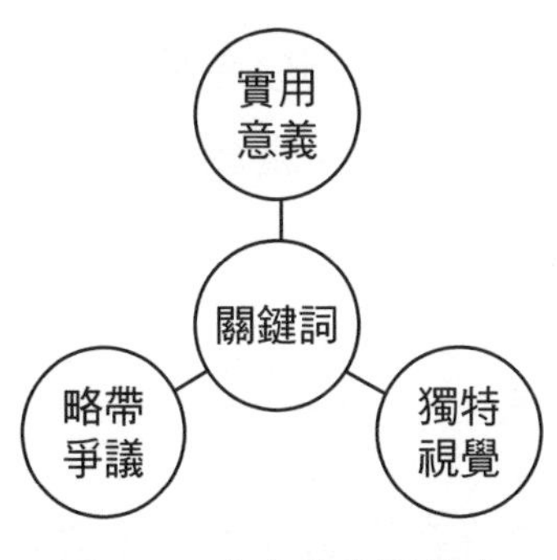


**圖 6-1　文字廣告關鍵字**

（1）原創文字廣告的關鍵字一定要對使用者有實用意義，具有能帶來某種效益的內容。那些浮誇或無關痛癢的文章，使用者看了之後往往沒有太大迴響，如此一來，這樣的文字廣告就不是一篇好的文字廣告了。因此，關鍵字一定要對使用者有用。例如，「××× 者必看」、「讓你 ××× 的 N 個技巧」、「高效完成 ×××」等關鍵字就要時常出現在原創文字廣告中。

（2）關鍵字要略帶一些爭議性的內容。需要特別注意的是，這些爭議應該是大家平常都比較關注的，讓使用者想點進來看看你到底說了什麼。

（3）關鍵字中要加上作者或企業、公司獨特的地方。例如同樣是賣點心的商家，有些強調不加一滴水、有些強調產地直送新鮮水果、有些強調來自國外……等。有了這樣技巧的關鍵字，使用者看了之後，自然就會被你的文字廣告內容所吸引。尤其在同類產品中，看了你的這篇文章和其他文章的感覺不一樣，這樣的文字廣告也會更容易令人留下印象。

## 借鑑原創文字廣告

當然，有些企業在策劃直播之後會急於推廣，因此沒有那麼多的時間進行原創文字廣告的發想；還有一些企業的行銷人員並非文案寫手出身，往往寫不出特別好的文字廣告。面對這些情況，企業在文字廣告推廣中可以採取「偽文字廣告」的推廣技巧。

換句話說，就是要學習那些好的文字廣告，並加以修改得具有自身特色。當然，這麼做的前提是要意識到，什麼樣的原創文字廣告才是好的文字廣告。

在這裡有兩個方法：第一，可以從一些文案範例或教學網站、熱門部落格裡尋找；第二，可以在人氣較高的論壇，專門尋找那種點閱率很高的文章。

找到這些好的原創文字廣告之後，接下來就是學習它們的行文方式，然後稍加修改，也就是在那些熱門的原創文字廣告中加入自家直播的資訊，即可在其他的平台進行推廣。

需要注意的是，最好不要找那些點閱率超過數百萬以上的文字廣告做偽文字廣告推廣，因為使用者基本上都看過這些文字廣告，如果你想得到要仿照這樣的筆法，其他行銷人員一定也想得到，屆時反而讓你的宣傳和他人毫無二致。

## 瞄準熱門網站

當你的文字廣告有了完整規劃之後，接下來就是要發表文字廣告，推廣直播資訊。很多企業往往會把文字廣告張貼到一些瀏覽人次較高的網站，又如一些知名的粉絲頁、部落格、討論區、發行量大的電子報，也是文字廣告發表的好去處。

無論是哪一種文字廣告，在文字廣告的標題中都應該展現出該次直播的關鍵資訊。另外，在文字廣告的正文中還要將直播的主題、時間、平台、內容、直播主資訊等加以呈現，同時最好將直播發表的網址直接附上，讓更多的使用者可以準確找到你的直播位址，準時觀看。

你的直播文字廣告到底有沒有效果，只有發送出去才知道。當一篇篇文字廣告發送出去後，事後要立刻進行統計，也就是統計哪一類文字廣告是使用者喜歡的；效果不好的文字廣告，原因是什麼；哪一個發表平台的效果最好……等。多累積這些經驗，企業就可以不斷提高文案寫作能力與文字廣告推廣技巧，相應的直播資訊也會被更多的人知道，屆時觀看的使用者也會更多。

## 選對目標觀眾所在的地盤推廣

在進行接下來的說明之前，我們要先詢問這個問題：「你知道觀看直播的都是哪些人嗎？」

相信很多人對於這個問題的答案，是「有手機的人」、「常上社群網站的人」、「喜歡網購的人」。事實上，觀看直播的真正主力就是那些經常活躍在社群網站的人。這些人正是我們進行文字推廣時必須面對的人群。

社群推廣需要掌握必要的方法和技巧，其中最重要的一點就是要找對地方。

## 在熱門社群投放直播資訊

當下熱門的一些社群網站，包括臉書、推特或中國的天涯論壇、新浪、搜狐、博客、貼吧等，要掌握這些地方的主流人群的特色，撰寫上一節中提及的文字廣告，然後投放。以下來講解投放的步驟：

（1）透過搜尋引擎或入口網站搜尋相關平台，直播推廣應多選擇中小型或主題型社群。

（2）將蒐集的每個平台都註冊至少一個帳號，使用者名稱也有技巧，最好與該平台相關，註冊好先別著急發文。同一個平台，可以再換一個 IP 位址發文，或是隔天再註冊另一個帳號。

（3）再花費一段時間，開始撰寫多篇文字廣告，包括直播推廣的宣傳內容、直播內容、周邊訊息等，寫完這些內容之後，先好好保存。

（4）接下來需要做的就是，每天到這些熱門平台開始發文，根據不同平台的回應狀況，選擇性地發文，同時做好紀錄，為下一次直接投放做好準備。在有些平台裡，如果發文太過頻繁或文章無法通過審核，則相應的宣傳很有可能就會被刪除，因此企業要做好這方面的準備。同時，在這個步驟中，如果用另一個帳號來發文，需要重新連線更換 IP 位址，之後再登錄，否則用同一 IP 位址的兩個不同使用者名稱發文，很有可能會被認為是廣告，從而遭到刪除。

（5）預設一個時間，不時點開這些宣傳文章所在的網址，如果文章掉到網頁很下方的位置時，就需要用另一個帳號立刻讓它回到網頁上方。

透過這些步驟，企業可以找對直播內容推廣的地方，根據你的直播內容和針對的群體來選擇不同的宣傳平台。

## 多些互動，人為製造影響力

在平台推廣中，如果想要讓你的文章內容引起人們的注意、讓人們對你的直播資訊感興趣，在文章發布之後，就要多與使用者互動，人為製造一些影響力。

例如，在美拍貼吧中，有一個推廣「韓國練習生藝能考核」的直播內容就很引人注目，它是在 2016 年 8 月 16 日晚上八點到十點進行直播。在美拍中，有很多關於該直播即將登場的訊息，先前就曾在平台中大量曝光，圖文並茂，吸引大量「美拍貼吧」粉絲的關注，如圖 6-2 所示。

為了帶動氣氛，發文的人會開始在文章下留言區和網友互動，如呼籲大家觀看直播、希望大家可以去美拍追蹤該頻道。這樣的互動也吸引了很多使用者的加入，有網友就好奇地提問：「這是幹嘛的？什麼時候開始啊？」立即達到了啟人疑竇的效果，如圖 6-3 所示。

圖 6-2　平台推廣直播

圖 6-3　直播推廣的網友互動

又如，在百度貼吧中的「薛之謙吧」裡，明星薛之謙代言的「膜法世家」產品所進行的直播推廣就很受歡迎。這個推廣的主題是「薛之謙教你購物省錢，限時滿 199 減 50 ！震驚！段子手薛之謙都在用的面膜，背後隱藏著驚人真相」（編注：「段子手」是指能自然隨意就說出幽默話語的人），如圖 6-4 所示。

圖 6-4　膜法世家薛之謙直播的貼吧推廣

這是膜法世家與一直播等直播平台聯合打造的直播，在「薛之謙吧」、「一直播吧」等進行熱身推廣，吸引大量使用者的點閱。

在這個推廣下，發文者也發起大量的互動，引發的回應如「謙謙的直播一定會去捧場」、「段子手又來了」、「期待段子手與膜法世家」等。

有了這些互動之後，平台上關於直播的內容也會慢慢變得熱門，愈來愈多人回應，相應的直播資訊也會被更多的使用者知道。

## 即時通訊推廣的群組號召

先來了解一下什麼是即時通訊推廣？即時通訊（Instant Messaging, IM）包括 LINE、Skype、臉書的 Messenger、韓國的 KakaoTalk、WhatsApp、Telegram、微信與 QQ 等，大企業透過即時通訊工具來推廣產品或品牌，以實現挖掘並轉換目標客戶的目的。

### 把群組內的觀眾一網打盡

在即時通訊盛行時，每家主流網路平台都曾開發屬於自家的即時通訊溝通工具，一方面是出於彼此競爭，另一方面則是出於企業安全。例如，百度內部的通訊工具是百度 Hi；阿里巴巴則是來往、釘釘、旺旺；新浪還保留著新浪 UC；騰訊則是 QQ、微信等。以下就用中國最廣受歡迎的 QQ 和微信群組為例，說明如何使用即時通訊推廣。

### 1. QQ 群組

QQ 堪稱中國即時通訊的巨頭，直到現在 QQ 推廣仍是中國各大企業行銷的必用推廣工具，直播行銷當然也不例外。

首先，如果你是一個直播主，可以在個人主頁或簽名中，加入自己在某個直播平台上的直播頻道。

其次，在和其他的使用者對話時，設置一些即時自動回覆訊息，在這些訊息中自然地加入直播間的資訊，讓他人一眼就能看到。

還有最重要的一點，就是加入群組推廣。身為一個直播主想要推廣自己的直播，首先就要加入大量的群組，加入之後不必急於發送直播的資訊，可以先與群組成員打好關係，互相熟悉之後，再慢慢釋放自己的直播宣傳，這樣群組的成員自然而然地就會支持你的直播。

在這種方式中，直播主需要不斷加入新的群組，有時候甚至一個帳號需要申請加入幾百個群組裡。然後，用不同的帳號申請進入不同群組，群組愈多，發布的直播資訊也就愈能被更多人了解與熟悉。

除了這種方式以外，直播主還需要利用不同的帳號來建立不同的群組，自己成為群主，然後前往各大論壇、平台等熱門網站吸收群組成員。這麼一來，你就會擁有屬於自己的群組。群組內成員皆屬於直播主自己的「粉絲」，對直播推廣會很有幫助。

除了個人之外，對大企業來說，透過群組來推廣直播的管道為：一是在自家創建的官方群組中發布直播資訊；二是在同性質企業或有友好往來的企業帳號中發表彼此的直播資訊，互相支援，經營共同的使用者。

### 2. 微信群組

在全球微信使用者超過 7 億的情況下，微信亦成為即時通訊推廣的最佳方式。直播也要充分利用這個特性進行推廣，相關步驟如圖 6-5 所示。

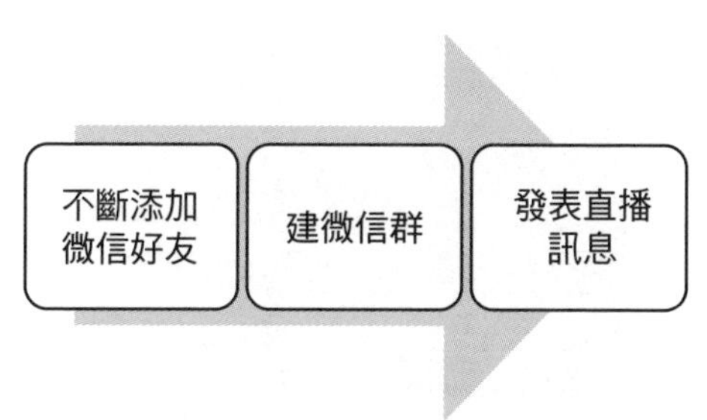


**圖 6-5　微信群組中推廣的步驟**

要針對微信群組發送宣傳訊息，首先需要不斷增加微信好友，甚至需要增加數百人、上千人，然後將他們分類，拉進不同的群組，再針對群組裡的成員推出不同的直播資訊。

例如，一家專賣寵物用品的旗艦店在天貓開直播，為了吸引更多的使用者觀看，行銷人員在微信中建立「看直播啦」的群組，然後在群組裡把這個直播網址和觀看直播可獲得禮物的通關密語公布在微信群組裡，吸引群組成員前往，如圖 6-6 所示。可以為微信群組取一個具有與該直播特色相關的名字。為了讓群組裡的使用者都對你的直播感興趣，還可以利用在群組裡發紅包的形式，吸引人們搶紅包，增強成員的黏著度，增加觀看直播的粉絲數量。

圖 6-6 微信群組推廣直播

值得注意的是，無論是在 QQ 群組，還是微信群組，或是任何一種即時通訊推廣中，都要寫清楚自己的直播網址、直播內容與特色、直播主資訊、開播時間等。這樣會更有利於吸引精準的粉絲觀看。

## 根據產品特性瞄準目標群組

雖然即時通訊工具有很多種，但並不是每個即時通訊工具都能取得效果，同時也不是只要複製貼上一則資訊，然後發表在一百個群組裡就會有效果。事實上，每個群組的成員性質和興趣愛好不同，他們在接收到這些資訊時的反應與行為也會有所不同，也就是一則推廣資訊並不能適用於每個群組。這時候，就需要企業對群組進行分類，然後調整做法、精準推廣。

最重要的是，必須根據產品的特性瞄準目標群組。例如，專賣運動產品的店家，對應的直播內容也一定要與運動有關，那麼在推廣直播資訊時，也應該針對那些喜歡運動的使用者，如登山群組、足球俱樂部群組、慢跑群組等。這樣一來，才會有良好的直播推廣效果。如果你到喜歡寵物的群組發表直播資訊，或是到成員性質大異其趣的地區性群組，恐怕不僅會推廣得不好，還有可能會引起群組成員的反感，進而被踢出群組，失去利用其他方式進行推廣

的機會。

企業必須根據直播產品的特性來選擇目標群組。找到那些目標群組之後，就可以開始用盡心思進行推廣。例如同樣是販售文具的企業，在以上班族為主的群組中，可以拋出「業務最愛用的 5 款鋼筆」直播；在成員涵蓋較廣的大眾型群組中，則可以張貼某某明星推薦款、當前韓國最流行的文具小物直播……等。

值得注意的是，企業不能在即將開播的時候才到群組張貼推廣資訊，平常也要發表其他留言，來聯絡群組成員的感情。

## 社群網站的傳播與轉發

如今，社群網站（Social Network Site, SNS）的使用者與直播使用者是高度重合的，因此直播推廣不能忽視社群網站，例如臉書、Google+、推特、百度貼吧、QQ 空間和微博等，以下以中國最常用的微博、豆瓣、QQ 空間為例，其他地區的讀者也可參考類似的概念予以活用。

### 眾星雲集的微博

微博是中國最大的社群平台之一（這裡所說的微博，

主要是指新浪微博）。從使用者數量、話題熱門程度、搜尋使用次數來說，新浪微博都堪稱是中國社群平台中的佼佼者。

所有的新聞時事、綜藝八卦、奇聞怪談，在新浪微博中都有大量的瀏覽量和分享量，因此直播推廣自然也離不開微博。

在這方面，有幾個重要的微博推廣技巧：

### 1. 借助微博大咖宣傳

超過百萬以上的微博使用者，基本可以算是大咖等級了，甚至有些微博名人或明星的粉絲，數量更高達數千萬。這樣的超級大咖在宣傳任何活動時，影響力和所能造成的轟動便相當可觀。因此，借助他們的影響力來宣傳直播，一般來說效果會比較能夠預期。

2016 年 8 月 15 日晚上八點，小米手機推出「小米 5 黑科技」的直播，這個直播針對小米 5 手機，對使用者展現這款手機裡隱含的「黑科技」（編注：出自日本輕小說，指超越當前人類科技或知識所能及的範疇，缺乏科學根據且違反自然原理的技術或產品，通常用來形容極為先進、不可思議的嶄新科技）。為了推廣這個直播，小米借助創辦人雷軍的影響力，在微博中做足了推廣宣傳。

當時，雷軍的微博粉絲超過 1,300 萬，是十足的大咖。這個直播由雷軍參與主持，因此他在自己的微博中也極力宣傳：「今晚八點，我在小米 App，直播小米 5 黑科技實驗，歡迎大家送花！」如圖 6-7 所示。

**圖 6-7　雷軍微博推廣「小米 5 黑科技」直播**

雷軍的這則微博也獲得大量使用者的評論、分享，吸引更多使用者在當晚準時守候直播。

此外，當時擁有 1,400 多萬的小米手機官方微博也在直播前，發表關於這一次直播的推廣資訊：「實踐是檢驗黑科技的唯一標準！今晚 8 點直播，@ 雷軍手把手帶你做『小米 5 黑科技實驗』。小米商城、一直播、QQ 空間、B 站、小米直播等五大平台同步直播，據說還有神祕驚喜揭曉！轉發關注，送出 1 台雷總簽名版 # 小米 5# ＋ 2 個 90 分金屬旅行箱。」如圖 6-8 所示。

在這則資訊中，還直接張貼這一次直播的網址，使用者點選即可進入該直播觀看。不僅如此，小米公司的官方微博也發布同樣的消息，如圖 6-9 所示。

圖 6-8　小米手機微博推廣直播

圖 6-9　小米公司微博推廣直播

三個重量級的微博推廣和宣傳，直接帶動「米粉」的熱情和積極行動。當晚八點在各大直播平台中，「小米 5 黑科技」的直播果然湧入大量的使用者觀看。

## 2. 利用熱門搜尋和話題為直播熱身

在微博的推廣中，不僅可以藉由大咖來進行宣傳，還可以透過製造微博話題和登上熱門搜尋的方式獲得更大的宣傳。

同樣以上述「小米 5 黑科技」的直播為例，這一次小米不僅利用雷軍的微博宣傳，還同步製造話題以登上熱門搜尋，好吸引使用者的熱切追蹤。

在直播開始前的幾個小時，小米就製造了微博話題「小米 5」，吸引接近 15 億的瀏覽量，增加了 5 萬名粉絲，為這個「黑科技實驗」的直播做足宣傳，如圖 6-10 所示。

同時，小米公司還在微博中進行關鍵字搜尋的推廣。使用者當天下午，只要開啟手機微博，就能看到這個「小米 5 黑科技」的熱搜資訊，也因而吸引大量粉絲點擊，如圖 6-11 所示。

透過這些推廣和宣傳，小米這場直播吸引眾多的粉絲，在短短兩小時的直播中，就獲得 99 萬名使用者觀看、1,300 多萬人按讚，如圖 6-12 所示。

圖 6-10　小米製造微博話題推廣直播

圖 6-11　「小米 5 黑科技」直播登上微博熱搜

圖 6-12　「小米 5 黑科技」直播人數超過 99 萬

## 文藝青年大本營的豆瓣

豆瓣是一個文藝青年聚集的網路社群平台，在這裡有大量關於電影、書籍、音樂等等的資訊和內容，可以說是中國文藝青年最密集的社群平台。文藝青年也是觀看直播的一個重要群體，而且微博裡有大量的熱搜資訊，多數都是從豆瓣網站流傳而來，因此在豆瓣的直播推廣不可或缺。

在豆瓣中，推廣可以集中在幾個區塊，如「瀏覽發現」、「線上活動」等，如圖 6-13 所示。在這些區塊中，豆瓣使用者可以發表一些關於直播的文字廣告等資訊。如果你的文字特別吸引人們矚目，就能獲得刊登在首頁上的機會。此外，你還可以建立線上活動，吸引豆瓣成員參與。

圖 6-13　豆瓣社群平台介面

當然，你還可以在各大豆瓣小組裡發言，推廣直播資訊。這需要你不斷加入一些活躍性高的豆瓣小組，然後在小組裡發言，張貼直播網址和周邊訊息，吸引使用者點選觀看。此外，還可以自己建立小組，吸引同樣喜歡觀看直播的豆瓣使用者成為小組成員。

你還可以向一些喜歡你的豆瓣成員發出「豆郵」（編注：豆瓣裡使用的郵件通訊方式），將直播資訊向外傳播。如果你的豆瓣關注者較多，還可以在自己的豆瓣首頁中放進關於直播頻道的資訊，吸引你的追蹤者觀看自己的直播。

總之，豆瓣是一個有效的直播推廣社群網站。在愈來愈注重資訊內涵的時代，豆瓣可以為直播行銷直接帶來不少觀眾。

## 一傳十十傳百的 QQ 空間

QQ 空間是中國最早的社群空間之一，也是社群人數名列前茅的平台。QQ 空間具有較穩固的使用者基礎，因此在 QQ 空間進行直播推廣也是非常有效的方法。

QQ 空間的推廣主要在於以下兩點：

（1）發表宣傳文章。如果你的 QQ 好友有很多，你也比較活躍地發表動態，你就可以在自己的 QQ 空間內直接推廣直播內容。當然，在這個基礎上，你必須一直保持活躍的狀態，不僅要不斷更新直播內容，更要與觀看你文章的使用者互動，吸引使用者的目光，而不是平時都沒有任何發文，一發文就是在宣傳直播活動，反而會招惹反感。

（2）在那些比較活躍的 QQ 使用者空間內留言。如果你的 QQ 好友中有大量「大咖」級的人物，你可以在那些較高人氣的 QQ 空間留言並發表評論。這樣一來，不但會吸引這位 QQ 使用者的注意，也能帶動這位好友的其他好友關注。

無論是自己張貼 QQ 推廣，還是在其他使用者的 QQ 空間中留言，都應該注重展現出你的直播資訊，在標題上也要幹練簡潔，讓使用者一目了然。

## 以「人」為本的微信朋友圈

如今人手一支、甚至數支智慧型手機的時代，每支智慧型手機裡幾乎都安裝了微信 App，微信已經成為使用者日常聯繫和溝通的必備軟體。年輕人幾乎每天睜開眼就是開啟朋友圈，在捷運、公車上也是刷朋友圈，晚上睡覺前也要刷一遍朋友圈後才能入睡。

因此，微信朋友圈的推廣也被更多的行銷人員看中。大企業在朋友圈裡進行微信廣告傳播，小企業與微商則在個人的朋友圈裡發表產品資訊，這已經成為企業行銷推廣的常態。

在朋友圈內發表直播推廣資訊，首先要有著大量的微信好友。只有這樣，你的直播推廣資訊才能被更多的微信使用者看到。在發表時，可以直接將直播內容、網址加進訊息中，讓使用者直接點選即可觀看。當然，如果你發的廣告太多、太頻繁，可能就會遭到好友封鎖。因此，在朋友圈進行直播推廣時，需要用詞婉轉，降低「業配味」，以聯繫好友的感情為訴求，然後慢慢灌輸直播資訊，這樣的朋友圈推廣才能持久有效。例如，詢問好友圈中是否有家事上的疑難雜症，自己最近要開一場家事小祕訣的直播，或許會對各位有幫助，即能達到聯繫感情與宣傳直播雙管齊下的效果。

對一些企業來說，也可以直接在企業微信上的朋友圈發布廣告，宣傳直播。例如，「蘇寧易購」在微信朋友圈中發布為了 2016 年 8 月蘇寧「8．18 購物節」而推出的直播廣告，代言人為鄧超，如圖 6-14 所示。在朋友圈中，蘇寧易購的直播預告是這樣的：「人這一輩子，總要有些事兒刻骨銘心。8．18 為熱愛發燒，我在等你，我是鄧超。」

無論是哪一種社群網站直播推廣，都需要以「人」為主要出發點來思考，不能過分頻繁地進行推廣，否則會引發使用者反感，反而流失重要的潛在使用者。

圖 6-14　蘇寧易購在朋友圈中的直播推廣

## 借助熱門話題的「病毒」

直播想要推廣得好，除了要注重一些推廣工具的使用以外，更要學會「借勢」推廣，尤其是借助一些熱門話題。熱門話題的傳播力道往往會猶如病毒一樣，迅速蔓延開來，而要如何讓直播在這些事件發生時，實現高效行銷和推廣呢？

## 借勢推廣讓直播變得熱門

借勢推廣直播就如同鮮花和巧克力。在超市的貨架上，巧克力原本屬於糖果類等零食貨架，鮮花則放在生鮮區域附近，平時而言，這兩種東西幾乎見不到面。但是，在情人節、母親節、婦女節等節日，這兩種產品卻會不約而同地會面。鮮花和巧克力似乎是絕配，兩者搭配在一起銷售，使用者就可以在同一個地方買到兩種產品。這樣一來，就能在大幅促進兩者的銷售。

這就是最簡單的借勢推廣，在直播推廣中也應該如此。直播想要被更多的人看到，需要借助一些特殊事件來進行。例如，在 2016 年里約奧運期間，很多企業的直播就是依據奧運這個主題展開，在推廣時更是從奧運主題出發，借助奧運事件推廣直播。

例如，聚美優品上的一個化妝品直播為了吸引人們的目光，就借助奧運進行推廣，其廣告語為「三分鐘，出門妝挑戰賽」，如圖 6-15 所示。這是一個「三分鐘內化好出門妝」的化妝直播，卻借助奧運比賽的模式，打造一場全民競賽。又如，一家專賣運動用品的店鋪，在直播之前甚至將代言人游泳選手寧澤濤的頭像搬到直播預告裡，吸引大量使用者的關注，如圖 6-16 所示。

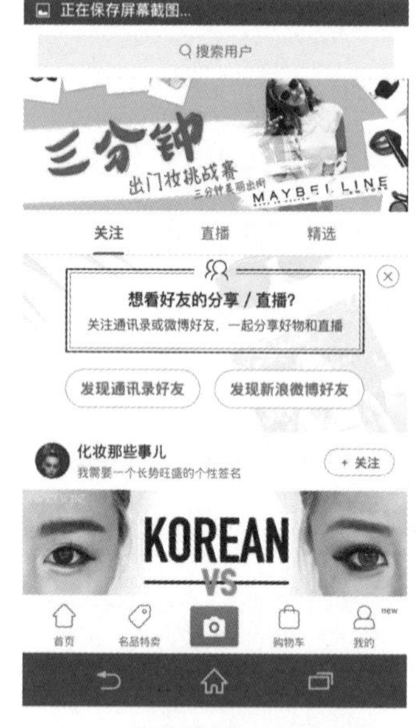


圖 6-15　聚美店家直播借勢「奧運決賽」推廣

圖 6-16　聚美直播借勢奧運選手寧澤濤做推廣

在天貓直播中，很多店家也採取借勢推廣的方法。在天貓直播的眾多預告推廣中，有這麼一個推廣贏得超高人氣，也就是「寵物運動會總決賽」，如圖 6-17 所示。人們看到這個直播預告時，就會深受吸引。進入後，使用者不光可以觀看直播預告，還可以提前預覽該店的產品，也可以搶先購買，如圖 6-18 所示。這為企業帶來不少流量。該直播於 2016 年 8 月 20 日進行，而這個時間恰好是在 2016 年里約奧運舉辦期間內。顯然這家寵物用品專賣店，是想要借助奧運的聲勢來打響自己的直播。

圖 6-17　「淘寶直播」中「寵物運動會」借勢奧運

圖 6-18　淘寶寵物用品店借勢奧運直播促銷

此外，在借勢方面，很多企業也必須學會另一種十分有效的方式，就是在使用者手機的通知欄中，「推播」直播訊息。

借助熱門事件，然後在裝設有各種直播平台軟體的手機通知欄，推廣即將進行的直播，將有機會吸引大量使用者。

## 比借勢更上層樓的造勢宣傳

企業不僅要學會借勢熱門事件推廣直播，更要學會自己造勢推廣。換句話說，如果剛好沒有熱門事件借勢，則可以自己創造事件。

造勢是一個過程，需要在你的直播尚未開始時就先製造聲勢，渲染氣氛，為直播使用者留下深刻的印象。

企業進行直播造勢推廣，可根據自家產品的特色和個性，以及直播策劃的主題、直播主身分、明星魅力等展開。企業應把握可利用的機會，及時推出精心策劃的強力推廣活動，讓直播尚未上檔就為使用者的心理帶來強烈的衝擊，形成預期心理。

直播造勢推廣的方式非常多元，不同的企業有不同的做法，有些實力強大的企業，本身的品牌聲譽、代言人等條件就是一種「勢」，在推出新的直播或舉辦直播活動時，就已經站在較前方的起跑點，再加上企業蓄意營造一定的氣氛，渲染帶動使用者，這樣的造勢推廣就比較容易引人注目。

例如，2016 年 8 月 3 日晚上，雅詩蘭黛（Estée Lauder）在小咖秀裡有一個推廣產品的直播。為了能夠提前營造氛圍，雅詩蘭黛提早進行活動暖身。在這個過程中，做為大企業的雅詩蘭黛就順帶造勢，該公司是這麼做推廣的：「年輕向前　雅詩蘭黛 × 王凱」，如圖 6-19 所示。這個直播時間是 2016 年 8 月 3 日晚上七點十五分，而在 8 月 1 日，雅詩蘭黛就與小咖秀聯手進行猛烈的宣傳推廣。

**圖 6-19　雅詩蘭黛與王凱聯手造勢，為直播推廣**

由於雅詩蘭黛本身就是一個大品牌，是一種天然的「勢」，再加上王凱這個當紅明星，對該公司來說，這個直播推廣的造勢就變得信手拈來，小咖秀再將其直播推廣頁面推送到使用者的小咖秀首頁中，使用者的好奇感自然會被引發。

一般的中小企業或個人，想要推廣自己的直播，在造勢方面就需要精心策劃。例如，模仿就是一種造勢，很多小企業或個人直播主想要推廣自己的直播，就需要模仿那

些大企業的做法。從直播主題、內容布局等方面，都需要模仿和借鑑，然後再加上自己的個人屬性特色，就能造出非常具有吸引力的「勢」。

在這方面，淘寶的小店家就做得很好。很多在淘寶上販售化妝品、服飾的店家，就在「淘寶直播」中加入直播行銷，為了推廣自己的直播，使開啟模仿借鑑的模式造勢。在淘寶的直播預告推廣中，就有如「八一八足球現場　侃大山送球衣」這樣的直播造勢推廣，如圖 6-20 所示。

圖 6-20　淘寶店家模仿造勢直播

這些造勢的直播推廣，模仿的正是一些大企業經常使用的「把話題炒大」的宣傳手法，這種手法也稱為「事件行銷」（Event Marketing），也就是創造具有新聞價值的事件並加以傳播，來達到廣告的效果。「八一八足球現場」這種加上日期與活動的做法，便營造了一種「這天發生了這件大事」的氛圍，其他產業的商家也可自行發揮創意，打造「五二〇女孩愛自己日」、「七一七全球環保日」等等方法來造勢。

此外，像是創造新聞性事件，或是支持公益活動，也是常見的造勢手法。前者如一九八五年，海爾集團總裁張瑞敏因發現自家生產的冰箱品質不佳，毅然決然請旗下的工人，親手砸了其中有缺陷的七十六台，這件事立即打響了海爾注重品質的聲譽，也創造了絕佳的新聞話題。後者如掌握當時大眾關注的社會議題，如主打環保有機衣物的店家用「關心瀕危動物，從穿這件衣服開始」來造勢，都能為自家的直播打響關注度。

## 利用品牌既有口碑來推廣

一些較大的企業或是已有一定口碑的企業，在推廣直播時，可以借助過去的口碑來進行推廣。

利用口碑來推廣直播的方式也相當多樣化，本節主要介紹兩種最常用，也是最有效的方式。

## 自有平台和自媒體推廣

如今一般的企業都有自己的平台，甚至連淘寶店家都會將自己的店鋪首頁打造得非常華麗，吸引人們光顧。

因此，企業在進行直播行銷時，即可借助自有網站進行推廣。例如，小米的每一次直播都會在自己的官方網站上推廣直播資訊。2016 年 8 月 15 日晚上，小米進行的「小米 5 黑科技」的直播實驗，除了在其他地方進行推廣之外，還在自家官網上進行推廣，如圖 6-21 所示。

圖 6-21　小米官網中的「小米 5 黑科技」直播推廣資訊

小米官網的瀏覽量較大，因此小米的每個直播都會在官網中率先推出。接下來，才是小米微博、微信官方帳號等平台的推廣。利用自有的網站平台推廣直播，更能借助企業自身的品牌魅力來獲得大量的瀏覽數。

除了自有平台之外，自媒體推廣也是一種品牌推廣的方式。例如，小米的很多直播都是經由雷軍等超級自媒體大咖進行推廣，吸引更多人的關注。在這裡，需要特別注意的是，產品設計師、創造者或品牌創辦人往往是最好的自媒體。他們可以在自己的微信個人帳號、朋友圈、官方帳號、微博、QQ 空間裡推廣直播，如此一來會更有效果。

例如，中國人氣新銳作家沈煜倫在 2016 年 8 月 8 日發表新書，發表過程全程採取直播。為了吸引更多使用者上線，沈煜倫提前一週就開始在自己的微博、微信官方帳號中發布自己新書直播的消息：「哥之前承諾的書，有重磅消息，終於坑完了！今天是時候告訴新書具體上市消息啦！對，就是這麼不按套路～但是！書名我先不說，要不你們猜猜？猜對有獎！這次新書發表會做全程直播，答案哥會在 8 月 8 日 19：40，新書上市直播的時候告訴你們。直播平台：一直播。ID：52586391 優酷直播。」如圖 6-22 所示。

這個微博發布不到半天，就吸引 1 萬多名粉絲分享、3 萬多人按讚和 2 萬多則熱門評論，為沈煜倫的新書直播發表會奠定基礎。

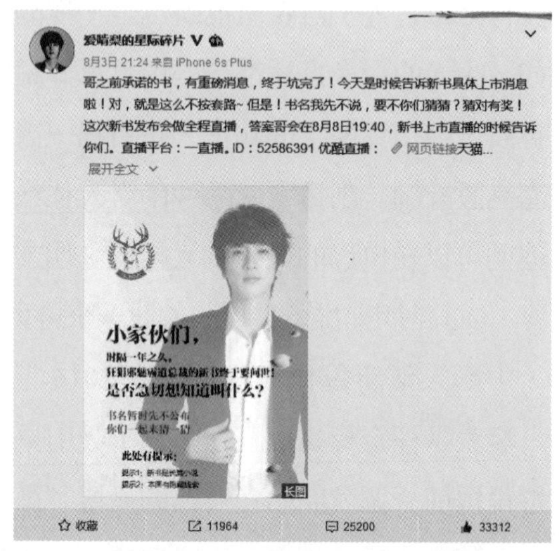


圖 6-22　沈煜倫個人微博中推廣新書發表直播的消息

最後，在 2016 年 8 月 8 日的新書發表會中，沈煜倫透過直播與大家見面，並且公布新書書名《四世生花》及新書預購的消息。在直播裡直接開始預購，透過之前的推廣，在直播中一分鐘內就銷售 25,683 冊，一小時銷售超過 9 萬冊，同時線上觀看人數高達 1,636.8 萬，這也刷新直播銷售新書的紀錄。

凡是企業自有和維護的平台、網站、官方帳號，都可以用來推廣直播。對大企業來說，這是品牌影響力的重要管道。如果小企業的平台、網站、官方帳號還沒有凝聚足夠的人氣，就可以運用前面提及的社群平台推廣，先從其他地方開始累積品牌人氣。

## 借助展覽、會議等提升企業直播熱度

借助會議、展覽推廣也是不錯的直播推廣方式。對品牌企業而言，舉辦一些展覽或會議，甚至是發表會都是很常見的方式。一般而言，這些展覽或發表會都會有大量的媒體參與，可在極大程度上提升企業的品牌曝光度。

在這個過程裡，將企業的直播宣傳加入其中，就能有效地宣傳企業品牌。透過這種方式進行直播推廣的方法有以下幾種：

### 1. 發傳單

在展覽或會議中對客戶、媒體、與會者發放企業品牌的傳單，並且在傳單中加入企業近期開設直播的資訊，讓這些人共襄盛舉。

### 2. 投影片展示

在一些大型的會議中，企業往往會透過投影片展示企業的產品、品牌概念或形象相關的資訊。這時候會有很多客戶在台下觀看，也有大量媒體拍照、攝影。這個機會也正好就是推廣直播的最佳時機，將直播資訊放在投影片的

第一頁或最後一頁吸引眾人目光，告知客戶和媒體關於企業直播的消息，更有利於企業直播的廣泛性傳播。

### 3. 宣傳手冊、紀念品

有些企業在舉行大型會議展覽時，會為顧客精心準備企業的宣傳手冊或紀念品。這些東西較能彰顯企業文化、品牌特色，也往往具有收藏價值與意義。在這些物品上附加企業直播的資訊，可以讓客戶有效吸收資訊，加深對企業直播的印象。

# 7 所有行銷的本質都是獲利

- 不僅要打賞，更要現場下單
- 現場360度無死角展示
- 別把直播現場當成大賣場
- 對比，是讓人生火的一把柴
- 製造懸念，讓使用者買到剁手指
- 關掉直播賣更多的促銷技巧

在直播行銷中，我們必須明白一點，無論直播有再多的花樣，最重要的一點還是要「變現」，也就是利用特殊的方式，讓使用者購買產品、參與活動，將使用者流量變為實際的銷售量。因此，直播的目的就是變現。本章著重介紹透過直播變現的 13 個技巧。

## 不僅要打賞，更要現場下單

我們很清楚直播的現行模式，一般個人的直播獲利模式就是一邊直播，一邊鼓勵使用者打賞，如送花、送遊艇等，然後直播主將這些打賞兌換成人民幣，與直播平台分紅。但是，在企業性質的直播行銷中，打賞只是一部分的獲利，更重要的是要變現這些流量，讓流量成為實際的銷售量。因此，對企業來說，直播不僅要打賞，更要現場下單。

那麼企業應該如何做到這一點呢？我們先來看一個案例。淘寶有一個叫做「超級 lulu」的店主，專賣首飾，透過淘寶直播吸引使用者購買。她在 2016 年 8 月 18 日上午於「淘寶直播」中預告，推廣自己即將開始的直播。在推廣裡是這麼寫的：「潘朵拉戒指買 2 送 1 現場下單」，如圖 7-1 所示。該直播在當日上午十一點四十五分開始。由於這個推廣成效很好，而且僅限直播下單才有這樣的福利，因此當該店的直播一開始時，就吸引大量使用者進入，有很多使用者紛紛現場下單，為這個店家帶來真實有效的現金流。

**圖 7-1　「潘朵拉戒指買 2 送 1 現場下單」直播推廣**

## 技巧 1：在直播標題中加入「優惠」、「搶購」等字眼

雖然目前已經有很多商家明白這個技巧，但還是有些商家會把標題重點放在其他想要強調的商品特色上。然而，相對來講，這樣的標題更能吸引使用者到直播間觀看直播，

並現場下單。透過直播的影音魅力，更能讓使用者看清楚這款產品的特性和優勢，也就能在更大程度上吸引使用者在直播中搶購。

例如，在淘寶有個叫「胖小溪呀呀」的時尚商品賣家，為了吸引使用者前來購買自家產品，在直播標題裡加入「封面連衣裙秒殺 39 元，搶購中」，如圖 7-2 所示。這就是透過「秒殺」、「39 元」、「搶購」等資訊激發使用者的購買欲望，也讓這個直播在眾多直播中脫穎而出。

進入該直播間後，會發現店家直播主在鏡頭前為使用者不斷展示店內的各種新款服裝，有連身裙、T 恤、短褲、短裙等，如圖 7-3 所示。在直播中，現場下單的使用者會用橘黃色的鮮明顏色來呈現。使用者如果想要購買直播主身上的同款服裝，可以直接點選直播中左邊帶有標價的小圖，進入該服裝的購買頁面，然後將服裝加入購物車，如圖 7-4 所示。當然，想要觀看更多店家的其他商品，還可以點選直播左下方的購買連結，進入這家店其他產品的購買頁面，如圖 7-5 所示。

在短時間內，這個直播的觀看人數就超過 1 萬多，打賞、按讚合計也超過 14 萬次，這就是透過直播賺進獲利的效果。

圖 7-2　標題中加入「秒殺」、「搶購」

圖 7-3　秒殺直播現場

圖 7-4　直播中直接購買

圖 7-5　點選連結購買其他產品

### 技巧 2：在直播中用好康吸引使用者下單

想要讓使用者在觀看直播時下單，還有一種方式就是在直播中，不斷發送好康給使用者，「誘導」使用者下單。

有一個叫「潘子 PANZ」的淘寶知名店主，某次直播的標題為：「打底衫秒殺〔39 元包郵〕＋福利現金」，如圖 7-6 所示。顯然這是一個特地為這件打底衫開啟的直播，目的就是透過直播讓這件「鎮店之寶」——打底衫達到最大銷量。

（編注：「包郵」即指「免運費」。）

圖 7-6　「打底衫秒殺 39 元包郵＋福利現金」直播

在直播中為了吸引使用者現場下單，直播主在直播裡不斷加碼好康。首先，直播主不斷地在直播中強調「這件打底衫只限直播最後一小時秒殺，39 元包郵」。這句話不斷重複，讓更多觀看直播的使用者加深印象。其次，在直播主背後的牆上也特別加入這款產品的價格、特性、質料等優勢，讓觀看直播的使用者一眼就能看到；另外，在直播裡，直播主會透過抽獎發送福利給使用者。直播主從觀看直播的使用者群中，隨機抽取幸運使用者，發放人民幣 5 元現金券，抽到獎項的使用者現場下單，只需要人民幣 34 元即可購買這款打底衫。

同時，在這個過程中，直播主還用多種角度呈現產品，讓使用者產生安心感與購買有保障的感覺。透過這些不斷灌輸的福利，有很多使用者被吸引到購買頁面。而這個直播在短時間內不僅吸引接近 2 萬人觀看，更獲得開店以來最大的變現。

當然，給使用者福利不僅展現在抽獎或免運費等做法，還可以在直播中用另一種方式激發使用者的購買欲望。例如，在直播中展現出新品的特價優惠等資訊。一般而言，公司也好，品牌也罷，每當出現一個新品時，這個新品往往非常讓人心生期待，而且新品的價格通常都很高，有很多人甚至會坐等新品降價。

因此，為了吸引使用者在直播裡下單，很多商家會在直播中把新品降價，吸引使用者下單，如「淘寶直播」中有名為「新品拍攝。秋季最流行。超低價秒殺」的直播，如圖 7-7 所示。這家產品的服裝和飾品都是透過直播推出新款，而這些新款在直播中進行優惠降價，直播之後就立刻恢復原價。

**圖 7-7　新款產品降價直播**

這樣的方式也會在短時間內衝高點閱率，獲得可觀流量，一下子就吸引 4 萬多的粉絲，訂單更是持續上升，甚至讓系統一度癱瘓。

## 現場 360 度無死角展示

想要透過直播獲得真正的現金流，需要的不僅僅是直播主的「伶牙俐齒」，也不在於吆喝得有多麼激烈，重點還是應該放在產品。只有你的產品夠好、品質絕佳、款式新穎，才能真正吸引使用者購買，那麼直播的最大功能意義就能上陣了。

過去人們在網購時，只是透過一些簡單的圖片和文字來決定是否購買，尤其看到的都是豔麗的模特兒穿著樣品拍攝的照片。正因這些照片經過大量修飾，實品拿到手之後，經常產生巨大的落差感，甚至還有很多網友大呼「根本穿不出模特兒的效果」，更有網友說「色差好大」、「質料太差」等。

在直播當道的今天，店家想要獲得訂單，可以在直播中充分展現產品，透過鏡頭不斷特寫產品的所有細節，讓使用者能夠 360 度無死角地觀看產品，對產品放心，這樣使用者才能毫無顧慮地下單。

那麼，如何在直播中更完美地展現產品，才能讓使用者當場下單呢？商家需要做到下述幾點。

## 技巧 3：用各種角度讓使用者看見產品的優勢

直播的最大優勢就是可以透過鏡頭，全方位且動態地展現產品，讓使用者全面了解產品並痛快下單。

因為企業必須在直播中讓使用者充分看到產品的優勢。在這方面，需要做到三點，如圖 7-8 所示。

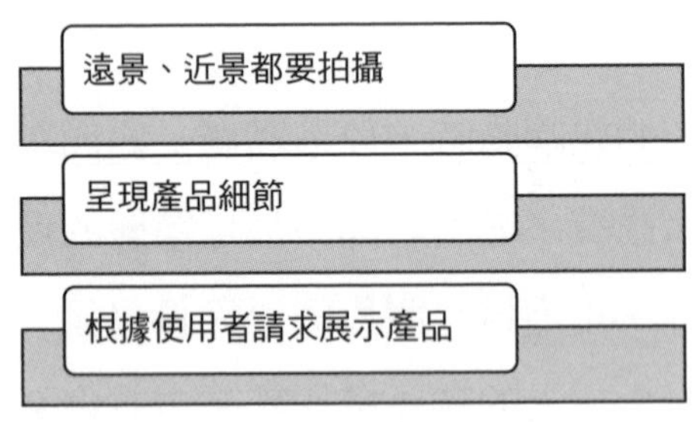


圖 7-8　展示產品的方法

### 1. 遠景、近景都要拍攝

在鏡頭前直播產品時，直播主不僅要手持這件產品（產品如為小物品時），更要近景、遠景分別切換，讓使用者不斷觀看產品。先將產品整體在鏡頭前呈現，讓使用者觀看整體的效果；再近距離地靠近鏡頭，讓使用者觀看放大的局部。只有這樣，使用者才能充分了解這件產品。

### 2. 為使用者呈現產品細節

有很多直播主往往做到第一點，卻沒有做到第二點。

之所以無法做到第二點，大部分原因是直播主沒有這方面的意識、或產品細節確實不夠精緻，只好隱惡揚善。為了更詳細地展示產品，商家必須呈現所有有利於銷售的細節，甚至對某些死角特寫，讓使用者清晰地看見優勢。

### 3. 根據使用者提出的請求展現產品

有時候使用者不太滿意直播主主動呈現產品的方式，會透過彈幕留言發送請求給直播主。這時候直播主一定要滿足使用者的需求，使用者要你怎麼呈現產品，就要怎麼呈現。這樣一來，才能讓使用者真正放心，進而購買產品。

有一家專賣口紅、唇彩的店家，在直播中，直播主在鏡頭前不停地對著使用者切換近景、遠景來呈現產品。為了吸引人們更能好好觀看這款產品，直播主還親自在額頭、臉頰、嘴唇上塗口紅，將多款顏色的口紅、唇彩分別塗抹在自己的臉上，然後將自己的臉對準鏡頭。這樣一來，使用者就可以清晰地分辨每一種顏色。直播主還在每一個色彩的唇彩旁標記號碼，使用者即可記住自己喜歡的唇彩、口紅顏色，點選直播中出現的唇彩小圖，加入購物車直接購買，如圖 7-9、圖 7-10 所示。

圖 7-9　點選直播產品進入購買頁面

圖 7-10　口紅直播主用臉試驗產品的直播

在直播中詳細展現產品優勢，能讓使用者放心選購，進而讓商家高效變現。

## 技巧 4：直播中要蓄意破壞產品

為了讓觀看直播的使用者當場購買產品，還應該充分發揮直播的動態特色，讓產品呈現出立體的優勢，以獲得使用者百分之百信任，而這時候就需要蓄意破壞產品，這種手法也經常運用在強調防風功能的雨傘、或是強調連美工刀都割不破的絲襪上。

淘寶裡一家專門從事運動品牌代購的店家，為了吸引使用者購買，讓使用者相信自己店內所代購的產品都是正品，於是在淘寶直播中施展絕招，玩起「拆鞋」直播。

這個直播的封面非常有意思，直播主手拿一雙鞋，很有挑釁的意味，在中間打出幾個字「直播有驚喜，土豪拆鞋」，而且「土豪拆鞋」這四個字非常醒目，旁邊還有大大的禁止銷售假貨的標誌，如圖 7-11 所示。

顯然這個直播就是對使用者呈現「拆鞋」的完整過程。店家直播主不惜將自己代購的運動鞋放在鏡頭前，然後用工具狠狠拆開，呈現在使用者面前，讓使用者清楚地看到這雙鞋子的材質、做工、質地，讓使用者清楚確認該店家代購的產品都是正品，如圖 7-12 所示。

既然直播主敢拆鞋，還大膽地在直播中呈現，觀眾自然就信得過，就會下單果斷出手購買限量版、特價版品牌運動鞋。

當然，在「搞破壞」的時候，要特別注意以下幾點：

（1）在破壞的過程中絕對不能離開鏡頭，否則可能會讓使用者懷疑你在作假。

（2）要毫不保留地表達出破壞性，不要讓人覺得在演戲。只有這樣在直播中施展絕招，才能讓使用者百分之百地相信產品，才有可能下單購買。

圖 7-11　「土豪拆鞋」的破壞性直播

圖 7-12　直播中展示「拆鞋」特寫

## 別把直播現場當成大賣場

在直播中，僅僅透過一個媒體平台就想要推廣所有的商品幾乎是不太可能的，不過透過一個媒體平台打造一、兩個比較受歡迎的商品卻有可能。因此，在進行直播行銷時，不求行銷所有與企業品牌相關的產品，但求做一、兩款熱賣商品。要記住的是，直播並不是大賣場，而是打造熱賣商品的地方。

在透過直播打造熱賣商品的同時，我們不能只是抱著這種希冀來進行，而是要透過有效的方法。本節將詳細介紹用直播打造熱賣商品的技巧。

### 技巧 5：一個直播只做一個產品

在直播中，為了能夠吸引更多使用者關注你的產品，甚至直接下單購買，必須堅持一點，就是一個直播只做一個產品，那些沒有過多直播經驗的企業更是如此。有很多企業往往急於求成，想要一個直播就讓全部產品熱賣，然而事實上這幾乎是不可能的。

企業打造熱賣商品時，應該注意以下兩點：

#### 1. 提前規劃出主打商品

當你進行直播準備之前，一定要事先挑出一個準備打造成「熱賣商品」的主打選項，並且為這個產品做好全面的策劃，包括主要訴求是什麼、直播主如何介紹、要用什麼話題引導出這款產品，以及聚焦這款產品的哪些特色等。

#### 2. 借助熱門話題推廣這款產品

因為你的直播主題就是這款產品，所以整個直播的過程就要圍繞著這個產品。因此，對相關領域的重大事件或熱門時事都要有所了解，借助這些力量幫產品錦上添花。

2016 年 7 月 20 日晚上七點至八點，瑞典服飾品牌 H&M 在美拍上進行一場別開生面的直播。這一次直播的主題是「向每一次勝利致敬」，主要是借助 2016 年里約奧運這個關注焦點。

這一次的 H&M 直播在開始時，先以 2016 年度的關注焦點——里約奧運做為引子，同時帶出 H&M 為本屆瑞典國家奧運隊伍和殘障奧運隊伍（包括開幕式、部分比賽及頒獎典禮）設計服裝的事件，在直播中順利推出 H&M 的高級系列 For Every Victory 產品，這款產品恰巧就是在當日開始正式發售。

在直播中，H&M 還邀請知名演員王珞丹和許魏洲出鏡。這兩名明星為 H&M 的這場直播吸引大量粉絲，如圖 7-13、圖 7-14 所示。在直播中，明星穿著 H&M 的產品，為產品增加出場亮相的機會，而且由明星實際穿著更讓粉絲蠢蠢欲動，雖然「美拍」目前還不支援邊看邊買功能，但是也為 H&M 爭取到大量的「真愛粉」；這些人也就成為 H&M 的目標使用者。H&M 的這場直播在短時間內吸引十幾萬人觀看，按讚數高達 190.8 萬次，也有 8.6 萬則評論。直播中的產品也立即成為 H&M 的熱賣商品，吸引廣泛討論，銷售量也急劇上升。

圖 7-13　H&M 的直播代言人

圖 7-14　H&M 的直播

## 技巧 6：為產品反覆「加冕」

當你想要透過直播打造熱賣商品時，需要做的不只是推出這款產品，還應該不斷為這個產品「加冕」，也就是一再誇讚該產品，不斷呈現產品的優勢、好處，為使用者灌輸「不買就是賠本」的觀念。

直播行銷，不等同於網路商店上的廣告，也不等於社群上的朋友圈推薦。在直播中，直播主可以直接試用產品，帶給使用者清晰立體的畫面感受。因此，想要推出一款熱賣商品，就需要為該產品不斷「加冕」，極盡所能地發揮出產品特性和優勢。

例如，在美拍直播中，有一位叫「濤哥的吃貨之路」的直播主，在直播中就會多次「加冕」產品。除了每場直播只做一款熱賣商品之外，他在每場直播裡都會不斷為該產品「加冕」。

2016 年 7 月 21 日，該直播主在美拍直播中做了一個叫「巧克力甜甜圈蛋糕」的直播。在這個直播中，他會將這款巧克力蛋糕的各種優勢、美味程度、詳細做法、賣相營造都進行全面介紹，還會多次表示這款產品使用的是無糖系列，不會產生過多熱量。同時，他聲稱這一款產品特別適合當作情人節禮物，尤其是即將到來的七夕，男生或女生都可以親自做這麼一款蛋糕送給另一半，如圖 7-15、圖 7-16 所示。

短短幾分鐘的直播，就獲得 3 萬多個愛心，有些使用者甚至在直播中直接向直播主預訂蛋糕。因此，直播時間不在長短，而是在於你能否表達出產品的特色，為產品適當「加冕」，用堆砌金字塔的方式，一個優點疊上一個優點，就像直播主濤哥一般，從產品本身的美味（買下產品獲得的好處）→產品的製作過程（取得產品的方式）→賣相營造的技巧（取得產品後加以美化產品）→產品的送禮用途（另一個買下產品的好處），逐一堆疊與加冕，把使用者步步往下單邊緣推進。

圖 7-15　直播巧克力產品

圖 7-16　直播打造巧克力蛋糕熱賣商品

## 技巧 7：運用既有好評打造更多好評

在直播中推銷產品，需要抓住使用者的喜好。使用者為什麼要購買你的產品？無非有兩個主要原因：實用性高（無彈性需求）；評價好、CP 值（price–performance ratio）高（彈性需求）。

在如今這個高度發展的社會裡，人們購買產品往往有很大一部分是因為彈性需求，也就是說，即使使用者一開始並不需要、或沒想到需要這款產品，但因為評價好或物超所值，還是有可能會下單。因此，我們需要掌握使用者

的彈性需求，大力在直播中運用好評推銷熱賣商品。

在直播中，可以借助其他使用者對這款產品的好評，來「誘惑」正在觀看的使用者。例如，美拍直播中有位叫做「Jiaruqian86」的直播達人，她在直播中推廣一款代理的唇彩時，不但高舉這款產品做出全面展示，更親自上陣實際試用這款產品，當場化妝，並以這款唇彩做為壓軸，在整個直播過程中，一次又一次地引爆使用者的激情。更重要的是，Jiaruqian86 多次引用那些曾購買此款唇彩，並且給予高度好評的回饋，在直播中與使用者分享，如圖 7-17 所示。

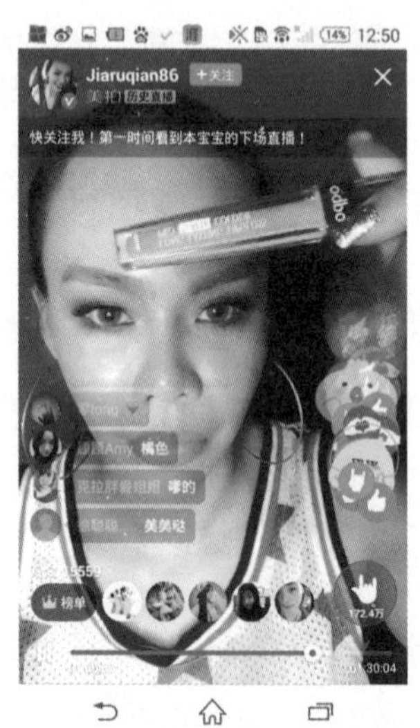


**圖 7-17　直播好評度高的熱賣唇彩**

透過加入網友好評，這款口紅引爆了高詢問度，使用者紛紛發送「哪裡購買？」、「多少錢？」、「當場能下單嗎？」等留言。這個直播有 200 多萬名使用者觀看，唇彩的銷售量急速上升，產品更是一度缺貨。在引用網友好評的時候，最好運用截圖或連結評價頁面的方式，才較為容易取信網友，以免被視為捏造評價為自己背書。

## 技巧 8：直播中要多次強調物美價廉

想讓使用者透過觀看直播購買產品，還要學會吆喝喊價，就是在直播中要多次展現物美價廉的特色，例如直播主話語中反覆出現「這款產品好用又不貴，別人都要 ×× 元，我們只需要 ×× 元」、「同款產品中，這款產品 CP 值最高」等類似語句。

許多開直播的人往往擔心，要是在直播中直接說出這款產品的價格，會顯得很俗氣或刻意，會把觀眾嚇跑，於是在直播中表現得很含蓄。實際上，使用者之所以會觀看你的直播，並不完全是因為顏值或有趣，更多的是想要從直播中獲取產品有價值的資訊，而物美價廉便是最好的資訊。如果產品不貴又好用，直接表達出來更能吸引人們購買，即可促成變現。

在鬥魚直播中，有一位試圖將一款虛擬實境眼鏡打造成熱賣商品的淘寶商家，就在直播裡做了以下的事：

（1）在直播中，詳細解說虛擬實境眼鏡。首先，直播主把產品全方位呈現給使用者觀看，並且全面介紹這款產品的特性。

（2）親自試戴虛擬實境眼鏡，並演示操作流程，讓使用者觀看。從一開始的零件組裝到正確的穿戴方式，創造了比說明書還實用的效果。直播主在談論到任何一個零件時，都會不時給予近距離的特寫，讓使用者更清楚組裝時的方向等等細節。

（3）在直播中展現產品物美價廉的特性。例如，在螢幕上呈現出這款產品的價格、特色、購買方式、贈品等，在直播中不斷反覆強調物美價廉的特性，並與其他商家的銷售條件做比較，例如這款商品比別人多了哪個功能，但價錢比別人少了幾元，透過這種方式吸引使用者當場下單，如圖 7-18 所示。

透過這些做法，使用者觀看數量不斷成長，達到上萬人次。同時，在直播中，店主還特別送上「只限鬥魚直播的特惠價格」，更讓「物美價廉」增加吸引力。一時之間，這家店的銷售量迅速上升，而這一款虛擬實境產品也成為該淘寶商家的熱賣商品，甚至成為「鎮店之寶」。

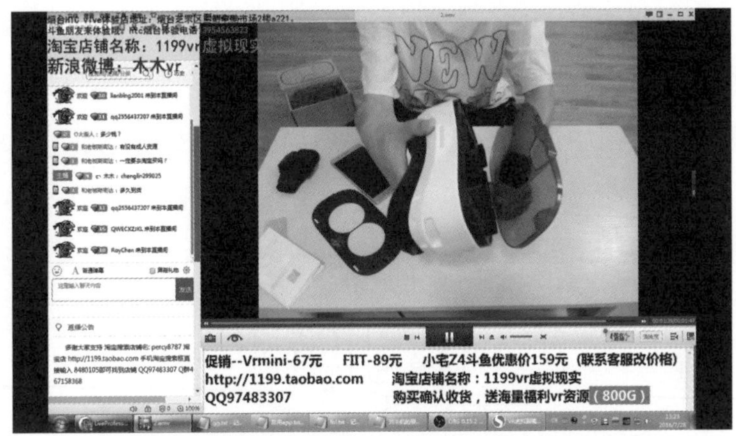


**圖 7-18　「鬥魚直播」打造熱賣商品虛擬實境眼鏡**

## 對比，是讓人生火的一把柴

直播的目的是行銷，而行銷的目的則是變現，因此透過直播來讓使用者快速下單才是開直播的終極目的。前面講述很多直播變現的技巧，事實上想要透過直播來「賣貨」，還有一種有效的方法，就是在直播中加入對比。

我們通常在現實生活裡可以看到這樣的案例，一位賣家身邊擺放著自己的產品，旁邊擺著仿冒品或他牌同質性產品，然後讓觀看的使用者進行對比；透過對比，使用者就會發現賣家的東西確實品質很好，於是紛紛掏錢購買。

能夠進入直播間的使用者幾乎都是潛在消費者，因此這時候身為直播主的你只需要添「柴」，就能讓直播的這把火燒得更旺一些，帶動氣氛，讓使用者因「生火」而掏腰包購買，這其中的一把「柴」正是對比。

在直播中加入對比時，需要注重四點技巧，如圖 7-19 所示。

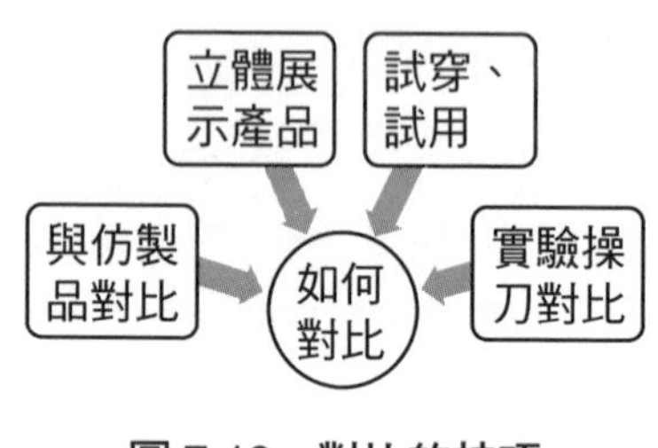


圖 7-19　對比的技巧

### 1. 把自家產品與仿製品對比

在直播中加入對比時，可以以自家的產品做為主要的解說對象，然後旁邊擺放仿製品。隨後直播主就會在外形、內容、性能和材質等方面進行詳細對比，讓使用者了解產品優勢。這種方式特別適合銷售鞋子、帽子、生活用品、飾品等類型的直播。

例如，一些代購正品品牌的商家，完全可以借助這種方式將自己代購的產品和假冒、模仿得幾可亂真的仿製品進行對比，在直播裡呈現給使用者。這樣一來，就能激發使用者對你的好感，進而產生購買欲望。

### 2. 在直播中立體展現產品對比

有些企業的直播主在進行直播對比時，往往只是將兩項產品放在手上或放在鏡頭前，讓使用者進行平面的對比。這樣的對比，實際上與傳統的網路購物，只依靠圖片、文字來吸引使用者並沒有太大的分別。既然選擇開直播，就要凸顯出直播的優勢，因此在對比兩項產品時，一定要立體呈現，如多方位、多角度地翻轉你的產品與對方的產品，最好能讓兩個產品同時出現在鏡頭中，而且直播主還要和商品互動，用各種姿勢拿取商品，而非只有像模特兒一樣捧著，這樣一來就更能對比出優勢。

### 3. 直播主親自試穿、試用兩項產品

在直播中最好的對比方式，就是依靠直播主的試穿或試用，尤其是對服裝、鞋子、帽子、化妝品來說，直播主親自試用，然後在鏡頭前活動與展示，這樣才能很完整地展現出產品的優勢。有些服裝如果材質低劣或版型不佳，穿在身上就會顯得不合身、沒有彈性，這樣的缺陷在直播動態中是一眼就能看出來的。又如皮鞋、靴子等，可以對使用者呈現出兩者的穿搭效果和貼身程度，透過這些對比也能讓使用者更放心你的產品。

在淘寶直播裡有一個專賣包包的店家，為了展現一項

熱門商品的優勢，於是將其他的仿製品也加入直播中進行對比。為了更進一步凸顯自家產品的優勢，直播主親自上陣，試背包包，不斷呈現這款包包的各個面向。隨後，直播主還在直播中讓使用者近距離觀看這款包包的質地、做工，甚至就連每一個拉鍊、鐵環等都詳細呈現，如圖 7-20 所示，還會根據使用者的提問，把使用者要求他做的動作都展示一回。透過這些對比和試用，這款包包也一度成為該店的熱銷商品。

圖 7-20　淘寶包包店家在直播中親自對比產品

### 4. 親自設計實驗進行對比

可以讓你的產品透過對比，在直播中呈現出優勢，就是親自設計一場實驗。例如，有一家專賣防水背包的店家所販售的背包價格昂貴，但是卻能防水、無皺褶又便於攜帶，因為該產品運用特殊的高級材質。然而，市面上也有一些打著防水特點的類似背包，售價非常低廉。為了能透過對比展現出這家背包的特色，於是直播主在鏡頭前親自在兩個背包內倒水後不斷揉搓，測試背包是否會起皺摺或透水，最終在直播裡驗證自家產品的優質，因而吸引大量的使用者下單。

由此可以看出，透過在直播中加入對比的方式的確能夠吸引人們購買。但值得注意的是，直播主在把自家產品和其他產品對比時，絕不能用一些惡劣低俗的語言來詆毀對方的產品，不要隨意謾罵，讓產品品質說話就好，這樣才能真正引發使用者的好感。

## 製造懸念，讓使用者買到剁手指

很多人對直播的印象還停留在：一個網紅在房間裡與粉絲聊聊天、唱唱歌，不斷地叫人送「鑽石」、「保時捷」。但是，隨著資金注入和大量直播平台的出現，企業與小型賣家進行直播行銷的花樣也愈來愈多，直播變現的方式也在不斷升級。

很多直播主嘗試多種方式之後，會選擇「懸念式」的直播變現模式，就是透過在直播中製造懸念，吸引使用者下單。

## 技巧 9：在直播中「挑戰」使用者

在直播中加入挑戰式互動，透過對輸贏和賭注的懸念，激發使用者購買。舉例來說，你在直播中告知使用者要進行某個挑戰，然後激發使用者的好勝心。很多使用者會留言參與，表達他們對這個賭注的質疑或好奇。借助這種懸念氣氛，能讓這個直播的人氣更旺。

這時候你就可以和使用者打賭，當然賭注就是如果你挑戰成功的話，使用者就要把東西買回家，還有一些企業會邀請一些名人來進行懸念挑戰直播。

在 2016 年歐洲國家盃足球錦標賽期間，人們對足球的熱情也反映在直播中，有很多直播平台甚至掀起一股「足球＋直播＋網紅」的熱潮，如微鯨電視就是如此。微鯨電視的直播元素為「足球＋直播＋電商＋網紅」，在美拍中打造一場名為「顛瘋挑戰」的直播。

首先，這個直播邀請當紅的美拍網紅為直播主，然後邀請「中國花式足球第一人」謝華加入直播。在直播中，謝華挑戰兩小時用身體各部位連續頂球 4,000 下。

這個挑戰光是聽起來就已經頗為有趣了，再加上挑戰式的直播更是十分刺激，而且這種挑戰直播也改變往常一成不變的直播模式，透過懸念增加直播看頭，留住使用者，讓直播更有趣。

直播主和謝華的搭檔也是創新的跨界之舉，讓整個直播變得更有看頭。此外，微鯨電視還與天貓跨界聯手，推出同步直播。

在直播過程中，利用挑戰創造出懸念，引發疑惑和刺激感，同時加入一定的優惠資訊，直接提升了微鯨電視在天貓的銷售量。直播兩小時內，天貓直播平台同時上線互動人數就高達 10 萬。以往人們對於像是電視這種大型家電產品，購買的衝動較小，只有消費者真正對產品有全面了解和好感之後才可能會下單。微鯨電視的這一次直播，不僅讓消費者全面、深刻地了解相關產品，更透過這樣有趣的挑戰方式增加使用者對品牌的好感度，成功地為微鯨電視打響 2016 年「6．18」促銷大戰的第一炮。直播之後，微鯨 43 吋電視也在「6．18」同類型產品中達到銷售量第一。

在直播中加入挑戰互動的內容，顯然更容易吸引使用者購買產品，可以直接帶動產品銷售量。

## 技巧 10：直播標題和內容營造雙料懸念

想透過懸念直播獲得流量，達到變現，需要精心策劃直播，最好是將這種懸念展現在直播的內容和形式上。有很多人的直播標題極有懸念，但是內容卻平凡無奇。事實上，想要把直播做得好，標題與內容都要有懸念。

首先，在標題上需要注意打造懸念的技巧，以下介紹幾種打造懸念式直播標題的常用公式。

### 1. 解密式懸念

解密式的直播標題往往能夠帶動使用者的觀看熱情和激情，激發人們的獵奇心理，讓使用者對直播產生興趣。例如，在天貓上一家專賣廚房刀具用品的店鋪，別有新意地使用懸念式的標題「刀法解密——掌握這幾樣刀法，輕鬆下廚房」，並且在直播預告封面中加入一個大大的問號，如圖 7-21 所示。

「刀法解密」這四個字，能夠引起很多人的好奇心，因此這些人極有可能進入直播間。在直播中，這家店也不負眾望，為使用者推出自家店鋪的精品刀具，還邀請大廚親自試驗刀具，吸引使用者的注意，如圖 7-22 所示。

圖 7-21　「刀法解密」懸念直播

圖 7-22　「刀法解密」直播內容

## 2. 日常式懸念

日常式懸念很容易理解，就是從使用者關心的日常事件中引出懸念的標題。例如，淘寶直播中有一個很熱門的直播叫做「女人就該妝——教你素人變女王」，如圖 7-23 所示。從這個標題上，自然就能看出這是一個化妝直播，然而引發使用者好奇的是，如何從一個不化妝的樸素女子變成妝容精緻的女王，這種前後差異往往是觀眾最為好奇的部分。於是，出於這個懸念，人們就會情不自禁開啟你的直播。

### 3. 事件式懸念

在直播標題中，我們可以加入一些最熱門的事件或引發人們矚目的話題元素，利用這些事件及話題打造一個懸念的標題，如「×××× 原來是這樣的人」、「××××× 背後的玄機」等。

在直播內容上也應該製造懸念，以吸引人們持續觀看直播，進而購買產品。在這方面，企業需要根據自家產品的特色和直播主的專長，基於實際情況進行直播，以下舉例說明。

淘寶中有一位化妝達人，由於他的粉絲非常多，所以有店鋪雇用他來吸引客流，讓使用者下單。這位達人也擁有淘寶直播帳號，其中有一次就利用懸念的方式吸引了大量使用者關注。這個直播的標題是這樣的：「明星是如何卸妝的」，如圖 7-24 所示。

我們從標題中隱約可以看到一些懸念意味，而且這位化妝達人開設這個直播間的最大目的，就是介紹使用者購買一款卸妝油。使用者帶著這種懸念點選進入直播間，事實上這個直播不僅是標題有懸念，內容更有懸念。

這是一位男性化妝達人，以往人們會覺得男性開化妝直播無非就是以專業角度講解產品，但是這位達人卻顛覆往常的做法，親自上妝。在直播中，直播主先是朝臉上濃

圖 7-23　「女人就該妝——教你素人變女王」懸念直播

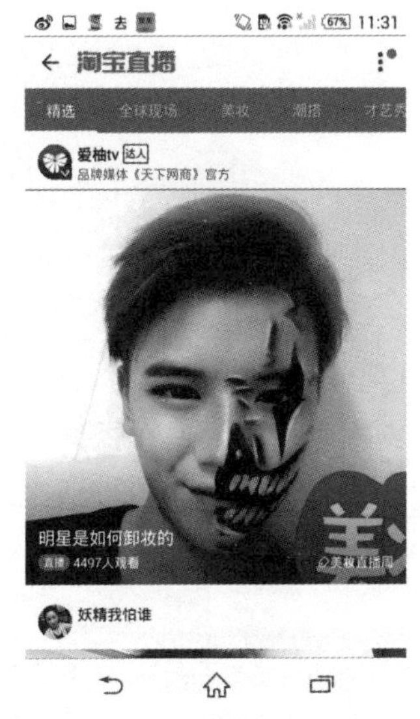


圖 7-24　「明星是如何卸妝的」懸念直播

妝豔抹一番，然後在直播中對準鏡頭，開始卸妝。這個直播過程的懸念意味十分明顯，而且幽默風趣，讓使用者對男性化妝過程大感好奇，大幅提升使用者的購買熱情，因而有很多使用者當場就下單購買產品，如圖 7-25 所示。

懸念意味的直播不但能夠為企業帶來流量，更會提高轉換率，促成變現。因此，企業務必根據自身的實際情況，在直播中適度加入一些懸念要素。

圖 7-25　「明星是如何卸妝的」直播內容充滿懸念

## 關掉直播貴更多的促銷技巧

直播變現的方式有很多，但是有一種方式一定非常有效，就是在直播中發送觀看直播的使用者相關優惠券。人們對優惠的東西往往沒有抵抗力，對於喜歡的東西更是如此。因此，使用者進入你的直播間觀看直播，就已經說明使用者對你的產品有好感，如果這時候再贈送一張優惠券或相關好康，使用者就會毫不猶豫下手購買。

贈送優惠券的方式大致有以下幾種。

## 技巧 11：透過直播連結發放優惠券

很多直播平台並不支援邊看邊買的功能，但是又由於人氣很旺，所以也受到很多商家的青睞，這時候企業就需要在這個直播平台連結裡加入優惠券。使用者雖然不能直接購買，但是可以領取優惠券，然後再到指定的網路商店購買，這樣的方式也有助於提高銷售量。

巴黎萊雅在這方面就做得非常好。2016 年 8 月 19 日，巴黎萊雅沙龍專屬官方微博貼出一則包括直播網址，以及領取優惠券和購買產品網址的微博，如圖 7-26 所示。

在這則微博中，我們可以看出這是巴黎萊雅為當天下午一點舉行直播時所做的推廣資訊。這一次的直播邀請韓星尹恩惠。不過，與以往推廣不同的是，這一次巴黎萊雅官方微博中的直播推廣不僅放上直播網址，還放上了巴黎萊雅優惠券的領取網址，如圖 7-27 所示。

使用者可以任意選擇這一次直播的三家平台連結網址，直接進入直播頻道。在直播頁面連結中，為了吸引使用者前往天貓店鋪購買產品，巴黎萊雅還在直播下方加入優惠券的領取連結，尤其「滿 400 立減 100 元」的優惠券更只有限量發行 5,000 張，如圖 7-28 所示。此舉大幅吸引使用者關注，同時巴黎萊雅的新任言人，也是這一次直播的主

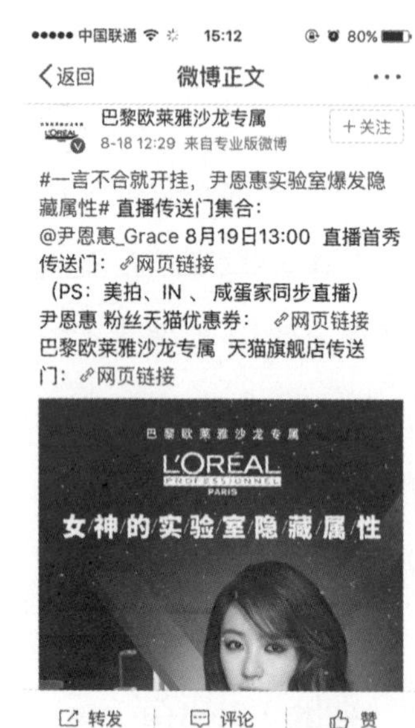


圖 7-26　巴黎萊雅沙龍專屬官方微博發表直播資訊

圖 7-27　巴黎萊雅產品優惠券

角——韓星尹恩惠也在自己的個人微博中再度張貼直播與優惠券連結，吸引大量的粉絲領取，如圖 7-29 所示。

這一次在 IN 直播平台上的直播，在短短時間內就吸引數十萬使用者觀看，優惠券更是瞬間被領取一空，而巴黎萊雅在天貓旗艦店的產品銷售量也突破以往。

這種在直播平台連結裡附上優惠券的方式，大幅提高了變現率。值得一提的是，企業在使用這種變現技巧時，要盡可能地在微博、微信朋友圈等更多社群平台上同步放上直播和優惠券資訊，這樣就更能吸引流量了。

圖 7-28　「巴黎萊雅」直播發送優惠券連結

圖 7-29　尹恩惠微博推廣「巴黎萊雅」直播優惠券

## 技巧 12：讓消費者邊看邊買

像天貓直播、淘寶直播、波羅蜜全球購等直播平台，已經有了邊看邊買的功能，使用者一邊觀看直播，一邊就可以下手購買。在這種便利的功能下，企業需要趁機發放優惠券，激發使用者的購買欲望。

利用這種方式在直播中提升銷售量的淘寶店家多不勝數，如「秋裝上新領券送禮物」、「買 2 領券立減 10 元」等，分別如圖 7-30、圖 7-31 所示。

圖 7-30　「秋裝上新領券送禮物」直播

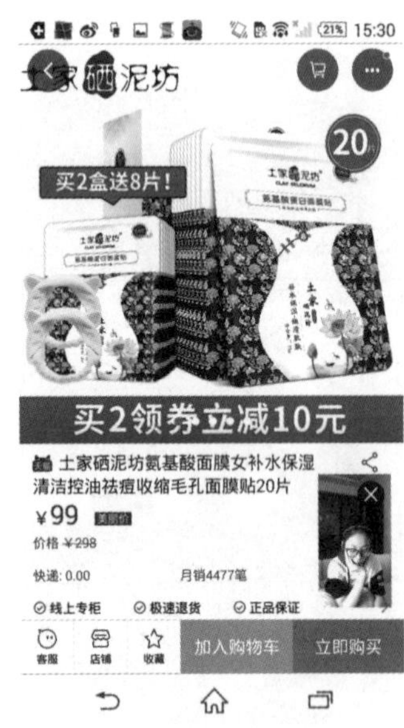



圖 7-31　「買 2 領券」直播

使用者在一邊觀看直播時，可以一邊點選圖片進入購買頁面，然後領取優惠券用於購買商品，有什麼疑問的話，還可以回到直播間詢問店家。如此便利的購買與互動管道，也為電商企業帶來可觀的現金流。

## 技巧 13：邊直播邊犒賞使用者

2016 年 8 月 15 日晚上八點，小米進行「小米 5 黑科技」的實驗性直播，由雷軍帶領小米團隊，進行關於小米 5 手機的黑科技展示。這個直播不但凸顯小米 5 的各種黑科技和優勢，還為了吸引使用者對小米 5 手機的支持與購買，在直播現場，雷軍和小米團隊進行即時抽獎。在抽獎中，雷軍告訴大家輸入「小米 5 黑科技」的通關密語，然後從這些使用者中隨機抽出多位幸運使用者，贈送小米 5 手機一支，如圖 7-32 所示。

**圖 7-32　「小米 5 黑科技」直播雷軍抽獎送手機**

這種抽獎的方式不但帶動直播氛圍，更為小米 5 手機當次直播衝高人氣，同時也吸引更多的使用者購買這款手機。

在天貓直播和淘寶直播中，也有大量的店家利用直播抽獎的方式吸引使用者購買產品，如「化妝潮搭＋關注抽獎送福利」、「秒殺抽獎看過來」等，分別如圖 7-33、圖 7-34 所示。

圖 7-33　「化妝潮搭＋關注抽獎送福利」直播

圖 7-34　「秒殺抽獎看過來」直播

這些方法都巧妙地將企業的優惠券和好康紅利與直播結合，為變現奠定良好的基礎。應該注意的是，雖然粉絲是為了抽獎而被吸引進入直播間，但並不能讓抽獎與優惠反客為主，成為直播的主角，否則觀眾可能領完優惠券就會關閉視窗。重點還是要聚焦在直播的內容上，讓使用者在專注觀看直播主的用心表現之餘，再打出令其驚喜的好康福利，才是較有效益的做法。

# 8 直播×八大產業的全面應用

- 直播＋電商：參與、信任、消費一氣呵成
- 直播＋旅遊：形式和取景要完美
- 直播＋醫療：專業和服務最重要
- 直播＋餐飲：從掌廚到擺盤的娛樂性
- 直播＋體育：結合新聞、賽事與球星
- 直播＋金融：真人影音講盤、即時個股講解
- 直播＋線上教育：直播開課＋垂直App的雙線互動
- 直播＋遊戲：名人實況與名人PK

利用「直播＋」模式，在自身優勢領域內加入直播元素，就可以在無須建立直播平台的情況下，做好直播行銷。而直播後面「＋」的產業完全無須設限，以下便以八個產業進行說明。

## 直播＋電商：參與、信任、消費一氣呵成

「直播＋」可以說是當下網路圈最熱門的潮流，尤其「直播＋電商」，透過直播可以直接連結使用者和商品，因此這種模式也受電商產業紛紛看好。不過，看好歸看好，大部分的商家還是處於觀望狀態，真正行動的並不多。

「直播＋電商」到底應該怎麼操作？或許很多人目前還沒有想法。本節將總結這方面的成功做法。

### 呈現商品情境，增強使用者的信任感

在傳統電商模式中，企業無非是想要透過搭建一個平台來銷售自己的產品。但是，對電商的使用者來說，想要購買產品需要的是信任，使用者只有信任你的產品，才會掏錢購買。那麼要如何做到讓使用者信任呢？光靠幾張漂亮的平面圖片或文字介紹？或是僅僅依靠平台的所謂良好承諾？

這些都不足以讓使用者信任，但是如果加入直播的行銷元素，就有可能讓使用者對電商平台產生信任。

加入直播，可以讓使用者更直接了解產品，加強使用者對產品的信任感，進而提高銷售量。

波羅蜜全球購是一家主打「只賣當地店頭價」和「影音互動直播」的自營跨境電商，於 2015 年 7 月正式上線，透過在 App 中加入直播的互動技術，致力於為消費者還原海外購物場景。

目前，波羅蜜全球購已經開放日本和韓國市場，提供包括美妝保養、母嬰用品、保健品、零食及小家電等商品，海外商品的數量正在持續增加。

波羅蜜全球購的創辦人暨執行長張振棟在行動上網領域有十年以上的創業經驗。他之所以要經營「直播＋電商」的模式，就是想要讓使用者知道購買的產品確實真正從海外而來，並且能滿足使用者自身的需求。由於加入直播模式，上線後第一週，波羅蜜全球購每日新增超過 2 萬名使用者，第二個的月收入則突破人民幣上千萬元，次月重複購買率更高達 45%，直播間收入占 30%以上。

在波羅蜜全球購的海外購物中，使用者可以與直播主即時聊天，即時了解當地的購物情況和環境，可以說波羅蜜 全球購的商家完全是被使用者「牽著鼻子走」。波羅蜜全球購的直播主來自當地，可以透過直播「帶領」使用者盡情逛遍各大海外市場，選購海外產品。在直播過程中，使用者想要直播主拍哪裡就拍哪裡。這樣的購物環境和場景獲得使用者信任，同時也拉近企業與使用者的關係。

開啟波羅蜜全球購的手機 App 首頁，如圖 8-1 所示，點選下方的「直播」就會進入波羅蜜全球購的直播頁面。在這裡，波羅蜜全球購會在每天十二點三十分開始直播，過往的直播也可以在這裡重播觀看，如圖 8-2 所示。

圖 8-1 波羅蜜全球購手機使用者端首頁

圖 8-2 波羅蜜全球購中的直播專欄頁面

例如，我們點選「護膚」專欄，找到「請收下日本國『土特產』神奈川的有機檸檬系列」的直播，如圖 8-3 所示。這是一則在 2016 年 7 月 23 日的直播，有 9 萬多人觀看。進入該直播後，會發現日本美女直播主走入神奈川的這家旗艦店，並且透過直播鏡頭為使用者直播店內的環境、產品及店內的美容專家。在這裡，有眾多該品牌的產品，包括護膚產品、美髮產品等。在直播過程中，直播主不但透過鏡頭讓使用者仔細看清楚產品，還親自上陣，當場試驗產品，如圖 8-4、圖 8-5 所示。

透過這樣近距離的直播，使用者對產品的信任感會提升一層，甚至好幾層，進而下單購買該產品。直接點選該直播下方的「購買」一欄，點選下拉選單就能看到在直播中直播主所介紹的產品，加入購物車即可購買，如圖 8-6 所示。

波羅蜜全球購的「只賣海外店頭價」的口號，透過直播更具體地呈現在使用者的面前，這也能讓該電商平台完全透明化，提供使用者赤裸裸的透明價格，拒絕任何不合理的哄抬。

如此一來，這種「直播＋電商」的模式，不僅能讓使用者參與，提升使用者對電商平台和產品的信任度，還可以激發使用者消費，進而創造現金流。

### 在平台撒紅包，讓人搶著進來買

在「直播＋電商」的行銷模式中，電商想要透過直播獲得更多流量，還應該不定期地準備一些「驚喜」給使用

圖 8-3　波羅蜜全球購熱門直播

圖 8-4　直播主走入海外產品店鋪

圖 8-5　直播主當場試用直播產品

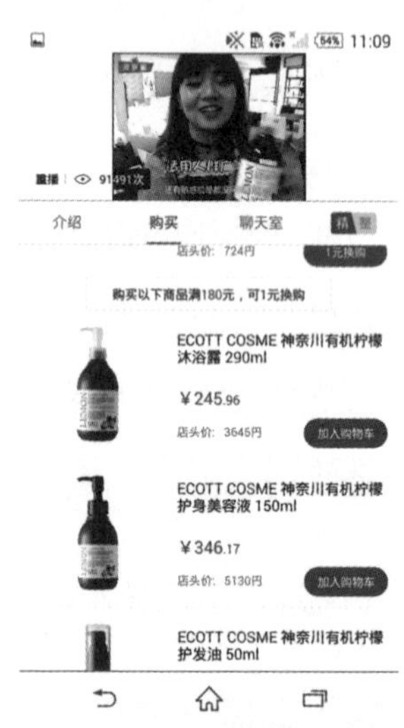


圖 8-6　波羅蜜全球購中直播下方的直接購買畫面

者，與使用者即時互動，在直播中帶動氣氛，帶動使用者消費。

在這方面，要怎麼做才能更有效呢？聚美優品為我們做了很好的示範。聚美優品進行直播行銷的互動方式有很多，其中透過明星參與聚美直播發紅包是最有效的方式之一，這樣的方式吸引了大量粉絲前來。

有很多人都說聚美優品的創辦人陳歐最懂得女性消費者，他不僅及時因應女性最受歡迎的影音直播，還在聚美直播中將內容定位於化妝、護膚保養、穿搭等一切關於「美」的主題，而且很早就瞄準「顏值經濟」，同時透過明星等各種優質內容資源來擴大聚美優品的影響力，吸引喜歡娛樂、追求美麗的潛在消費者。

同時，聚美直播獨創明星發紅包直播互動的功能與橋段，讓明星不僅可以透過聚美直播和粉絲即時互動，還可以發放紅包或是其他福利，從而進一步引爆粉絲的熱情。

2016 年 6 月 16 日，明星魏晨「空降」聚美直播，如圖 8-7 所示。當日，魏晨出場只有五分鐘，在聚美直播平台中聚集的粉絲人數卻突破 200 萬。在粉絲詢問魏晨相關護膚保養祕訣時，他表示需要充足的睡眠，加上聚美優品電商旗下入駐品牌「菲詩小鋪」的護膚保養品。

因為魏晨的影響力，在短短幾分鐘的聚美直播過程中，

圖 8-7　魏晨在聚美直播中向粉絲發紅包

聚美平台上的「菲詩小鋪」限量版氣墊 BB 霜就立刻銷售一空。聚美直播還特別推出讓粉絲猜歌曲送禮物、紅包大放送等互動遊戲，這些優惠和驚喜互動也讓聚美直播線上觀看人數突破 500 萬人次。

做為電商，無論是自家開發商品、海外代購或有商家進駐的平台，都應該及時擁抱直播。此外，每個電商平台還可以根據自己獨有的特色與優勢進行個性化直播。

## 直播＋旅遊：形式和取景要完美

隨著人們生活水準與對精神生活的追求愈來愈高，旅遊漸漸成為人們工作之餘，放鬆身心的重要選擇。網路旅遊應運而生，並且不斷發展壯大，隨之而來的是產業內競爭加劇。此時該如何脫穎而出，便是要著重思考的問題。本節將重點介紹「直播＋旅遊」的相關知識。

## 戶外設備要齊全

想全面利用直播進行旅遊行銷，最重要的一點當然就是戶外直播。沒有人願意看旅遊產業的室內直播，像是一位直播主坐在電腦或手機前，向使用者介紹公司的旅遊產品有多好，這種方式無異於自欺欺人。因此，旅遊業者的直播行銷必須配合外景；換句話說，要走到旅遊景點現場開直播，讓使用者透過直播看到你的旅遊產品，明白直播主介紹的景點好在哪裡，這樣直接的體驗和感受才是使用者的真正需求。

戶外直播最重要的是一點是什麼？對旅遊業者而言，旅遊景點的特色、旅行路線、飯店的選擇等都屬於重要元素。那麼又要如何體現這些特色呢？難道光靠一支手機進行直播嗎？或是直播主自己舉著自拍棒進行直播嗎？顯然並非如此。因為受到配備的限制，手機拍攝的畫面範圍有著很大的局限性，因此無法全面展現景點特色。

所以，旅遊類的直播一定要做好戶外直播的條件，尤其是設備一定要齊全，帶給使用者全面立體的感受。

在這方面，我們應該向澳洲旅遊局學習。2016 年 4 月 13 日，澳洲旅遊局與暴風科技正式達成策略合作。

此次澳洲旅遊局之所以會與暴風科技合作，是因為看好暴風科技提供的全新虛擬實境科技，希望利用虛擬實境打造不一樣的直播旅遊。暴風科技全媒體平台也上傳了全景的澳洲旅遊風光虛擬實境影片，讓觀看影音直播的使用者足不出戶，即可感受澳洲坎培拉、白天堂海灘（Whitehaven Beach）、福特斯庫灣（Fortescue Bay）、雪梨港、大洋路（Great Ocean Road）、羅特尼斯島（Rottnest Island）、凱薩琳峽谷（Katherine Gorge）、林肯港（Port Lincoln）這些澳洲風景名勝，開啟非凡體驗。

暴風科技為澳洲旅遊局提供全套的虛擬實境技術解決方案，對澳洲旅遊的虛擬實境影片進行全平台傳播，為澳洲旅遊店面提供虛擬實境產品支援，量身訂做暴風魔鏡 4 與紙魔鏡，讓全球使用者在選擇旅遊目的地前，即可透過官網和店面體驗澳洲的人文風情、旅遊美景等。

途牛旅遊網旗下的途牛影視和知名直播平台花椒直播也有深入合作，建立旅遊直播頻道，如圖 8-8 所示，打造「直播＋旅遊」的全新生態模式。

在這個過程中，途牛也運用高科技的設備，如虛擬實境設備與技術來進行直播，使用者可以更清晰、更真實、全方位地了解旅遊產品的特點。

花椒虛擬實境直播專區正式上線後，成為中國第一家虛擬實境直播平台。「虛擬實境直播＋旅遊」在旅遊領域的應用，能夠讓使用者瞬間「穿越」到目的地，提前領略當地美景。

**圖 8-8　途牛旅遊直播**

直播更能讓使用者即時諮詢和回饋出遊前的問題，從而大幅提升服務效率，同時透過虛擬實境等設備與技術可以讓直播更真實和客觀，全景與全面展示旅遊場景，也能達成更好的內容傳遞和流量轉換。

顯然，利用高科技設備製作的直播影片，一定比單純用攝影機或手機直播的效果來得更好。使用者觀看時也能全景觀看，而且體驗和感受也會更刺激，更能領略到該旅遊業者的行程特色。有了這些鋪陳，使用者自然就會對該旅遊產品更加嚮往。

## 取景要慎重

旅遊產業的直播行銷還有一個十分重要的要點，就是取景。就如同你是在街頭賣藝雜耍的藝人，沒有兩把刷子很難吸引客戶，因此旅遊產業在直播中也一定要遵循「取好景＋多取景」的原則。

首先，取一個適合的景點和拍攝角度，再搭配好的技術、設備，充分展現該景色的特點，讓使用者看到美麗景色的同時，還能沉浸其中，對該景色產生嚮往。當然，這也離不開直播主的介紹與體驗。多方配合，才能共同打造出更棒的直播。

其次，多取景就意謂著旅遊類的直播，不能只在同一個地方開直播，要多去一些有新鮮感的地方直播。只在一個地方直播的話，使用者很容易就會失去興趣，也不會知道整趟旅遊行程的全貌。去哪兒網與鬥魚聯手所做的旅遊直播，便沒有固定在一個地方，而是選擇多處景點。

此外，如果旅遊業者因為條件有限，必須只在一個風景區或地方直播，也可以利用分散性的直播博得注意。例如，讓直播主在一個地方進行多種類型的直播，向使用者介紹同一地點的用餐、娛樂、休息等各方面細節的直播，這樣的直播也很受歡迎。

對線上旅遊業者來說，如果不加入直播，一味按照傳統的行銷方式行銷，極有可能會遭遇發展瓶頸，傳統的服務和形式已經不再能滿足當前使用者的需要，需在形式與內容上尋找突破點。

「直播＋旅遊」就是打破傳統上只能藉由圖片和文字描述的單一感受，加入直播後，能讓使用者有身臨其境之感，也避免了很多因與預期不符帶來的客訴和抱怨。這種方式一定能夠突破過去「時間＋空間」的限制，讓平台上的所有使用者流量更有機會得以變現。

## 直播＋醫療：專業和服務最重要

在網路直播產業高速發展的時期，各行各業都湧現了「直播經濟」。醫療產業是較為封閉的領域，除了每年偶有「最美醫生」、「最美護士」等新聞以外，似乎與網路熱潮、關注焦點無緣，與直播更是很難以直接搭上線。

然而，這些都是過去的傳統看法，如今醫療產業的新契機來了，醫療產業的行銷正在被直播這個趨勢所打開。

想要讓醫療透過直播實現雙贏，就需要做到專業和服務這兩點。

醫傑影像是一家定位在醫療直播服務的企業，正在嘗試運用自主智慧財產權的直播技術，專注於醫學傳播與醫學培訓市場。該公司提供醫學會議直播、手術直播，以及其他醫學場景直播的串流媒體服務。

首先，來看一下醫傑影像這個團隊。該團隊是由一群來自華為、西門子（Siemens）、同仁醫院、百度等跨產業、多元化公司背景的成員所組成。醫傑影像的執行長李強是來自華為的資深技術相關背景人士，醫學總監李繼鵬則是來自同仁醫院的眼科專家，營運長（Chief Operating officer, COO）邵學傑曾在西門子工作多年。

團隊的成員雖然來自於各行各業，但是大家都專注於同一個方向——醫學直播。醫學影音直播可以應用在臨床查房、會診、手術、講座與學術會議等，醫生只需舉起手機，就可以直播。

醫傑影像在直播方面搭建會議直播平台、影音分享平台及其他醫學場景直播平台。醫療從業者也可以將自己手術、會診等影片分享上傳，與更多的使用者進行交流與學習。同時，醫傑影像也開放學術會議的直播，利用這種直播方式，將一些高難度的手術或有價值的學術會議，以直播的形式展現。這樣一來，那些無法直接參加的醫生或其他從業人員便可以透過直播即時觀看，並且提出問題、解決問題，讓使用者學習更多的知識。

針對知名醫生，醫傑影像也會進行相應的專題直播——不僅是冷冰冰的手術或專業知識，還有醫生背後充滿正能量的故事。

隨著技術的發展，愈來愈多的醫學會議開始開放網路直播，允許遠端醫生透過直播參與會議。除了單向的網路直播會議以外，還有雙向多城市／多會場互動網路會議、醫院間影音聯絡會診、海外連線網路互動直播、醫藥公司產品上市會等多種形式的直播會議類型。這種直播的優勢顯而易見，可以節約時間、節省費用、擴大影響、參與方便。

當然，醫傑影像直播及類似手術、學術會議等專業的直播方式，需要可觀的硬體支援，像是現場的各類設備租賃，如高解析度攝影機、標準解晰度攝影機、手持數位攝影機、直播用調音台、直播監視器、影片導播台等，以及相對應的人工支援等。因此，醫療直播需要很高的費用。

除此之外，在醫療直播方面還可以嘗試下述幾種方式。

## 保健與營養品創造「愛自己商機」

在天貓、京東等電商平台，有很多商家都在銷售各種保健品、營養品。為了能夠獲得更多的流量，許多商家採用直播吸引使用者，例如用「明星＋直播」的方式來吸引使用者購買產品。

例如，阿芙精油在 2016 年 7 月 21 日的淘寶直播中，推出名為「夏日輕鬆祛痘祕笈」的直播，如圖 8-9 所示。

在這個直播中，護膚保養專家透過醫學的角度向使用者講解夏日祛痘的方法，整個過程充滿專業性卻不難理解。對於使用者提出的問題，專家也能即時解答。

圖 8-9　阿芙精油的淘寶直播

在這個直播過程中，專家直播主還巧妙地將阿芙精油的祛痘精油產品融入解答使用者的問題之中，讓使用者在不知不覺中了解阿芙精油的功效，激發使用者的購買熱情。

保健、營養、保養這類商品，主打的同樣都是一種「愛自己」的商機，銷售的則是醫學專業，若能借助免費的直播平台與專家的 PGC 內容，將可望締造超乎預期的收益。

### 藥物直播宣導更安全

與保健品相比，藥品的直播似乎更具挑戰性，因為大家對購買藥物的疑慮和顧忌較多。但是，你也可以利用更加強調專業的方式來直播，例如請一些藥師或專家來開直播，在直播中對大家講授養生、選擇藥品等技巧，然後巧妙地融入自己的產品，這樣就可以獲得流量，也更有機會獲得變現。

## 直播＋餐飲：從掌廚到擺盤的娛樂性

直播產業風生水起，甚至成為千萬網友重要的生活片段之一，更有很多網路紅人透過直播吃飯等方式，獲得巨大的知名度。這種直播場景成為最受追捧的注意力經濟，也讓餐飲業看到直播行銷背後的經濟效益。本節將主要講

解餐飲業直播行銷的相關內容。

## 你看著我吃，或我吃給你看的美食體驗過程

「馬上吃」是一個O2O（Online To Offline，線上到線下，編注：利用網路行銷與線上購買帶動線下門市消費）美食平台，在2015年就搶先瞄準直播這個契機，聯合大型影音平台——花椒直播，開啟餐飲業的直播行銷。接著，來看一下「馬上吃」這個網路餐飲平台是如何操作。

深圳的第一家網路蒸汽海鮮料理餐廳「壹號漁船」，是「馬上吃」O2O美食平台旗下的首家網路餐廳。該店在開業之日就展開創新的多元行銷，吸睛無數，引起全城市民乃至全中國網友的關注。

具體的做法如下。

### 1. 邀請美女車模現場全程直播開業盛況。

「馬上吃」O2O美食平台透過花椒直播平台的數個帳號，即時直播美女車模的現場互動。隨著餐廳開業禮炮鳴響之後，美女車模的亮麗面容和苗條身材進入大眾的目光之下。車模們不僅專業走秀，而且現場表演貓步，贏得陣陣喝彩。

**2. 直播美食品嘗。**

隨後，「壹號漁船」進入海鮮盛宴品嘗的橋段，3 位美女車模優雅地試用店內特色菜品——阿拉斯加帝王蟹。在直播鏡頭前，一場熱氣騰騰的海鮮盛宴映入眼簾，可謂秀色可餐。這個直播很快就吸引成千上萬觀眾線上收看，更贏得超過 10 萬的按讚數。

**3. 直播網路點餐全過程。**

「壹號漁船」開業盛典的另一個直播重頭戲，就是 3 位車模在鏡頭前體驗「馬上吃」App 的線上點餐過程。透過最新版的「馬上吃」App，實現智慧化的便捷點餐，使用者動動手指，服務員就隨叫隨到。高效率的用餐過程讓鏡頭前的使用者也感到耳目一新，使用者直接、逼真地體驗一次網路餐廳的便利和好處。

所謂的網路餐廳，是依託網路的優勢與傳統餐飲業務結合而成的一整套服務系統。「馬上吃」這個平台就是透過行動網路，使消費者及時了解餐廳資訊、線上點菜、排隊叫號、智慧服務等，充分地實現餐廳服務價值。「壹號漁船」做為「馬上吃」的首家網路餐廳先驅，在深圳開創網路點餐的先河，並且利用直播行銷的方式讓更多的使用

者了解網路餐廳的便利性，也讓更多人體驗整個過程。如此一來，也為餐廳帶來更多的客戶。

由於直播的全天候與即時性，再加上無線網路技術的逐步成熟和網路社群媒體的即時傳播特性，餐廳透過直播的行銷，在散播速度上可以說是令人超乎想像。無論是微信朋友圈、微博，還是美食評論網站，都可以快速傳遞與接收。

這時候，消費者擁有主導權，網路社群媒體口碑傳播將會成為商家最主要的傳播手段。

直播行銷滿足商家降低銷售成本、減少中間環節、提高利潤的需求，而在宣傳推廣方面，也因為更平易近人、更逼真的體驗，迎合受眾需求，因而更容易被消費者所接受。隨著直播模式的多樣式，將來必定會有更多的花式直播行銷玩法吸引目光。

## 餐飲創辦人的老王賣瓜，贏得數萬網友誇

除了利用名人或明星來大啖美食，吸引大眾之外，各大餐飲品牌的創辦人出來站台直播，則會創造另一番截然不同的優勢。

餐飲創辦人做直播，一定能夠將該店的起源、故事、優勢、特色說得頭頭是道，而且結合創業者的經歷，更能

讓使用者感覺到企業的真誠。

創辦人在直播時，可以將開店經驗與網友分享，分享自己的創業歷程，讓使用者對餐廳留下良好的印象。其次，還可以與網友分享品牌打造與成功的祕訣，這些也都是使用者熱切關注的焦點。

例如，成都迷尚豆撈的董事長曾雁翔就在映客直播上，定期針對不同的餐飲主題進行直播，讓粉絲即時感受到該餐廳的變化。這樣的直播吸引大量使用者的關注，曾雁翔的微博粉絲更從原來的數千人一下子飆漲到接近 4 萬人，映客直播頻道的關注度也大幅提高，如圖 8-10、圖 8-11 所示。

圖 8-10　迷尚豆撈董事長曾雁翔的微博

圖 8-11　曾雁翔直播自己的餐飲店

此外，曾雁翔還發動員工和顧客一起玩「全民直播」。例如，讓後台的大廚透過鏡頭直播美食製作過程，使用者透過直播就可以清晰地看到該餐飲店如何製作美食，而廚房的衛生狀況、大廚的專業廚藝、食材的新鮮程度也都一目了然，更能讓餐飲店公開透明化。此外，曾雁翔還請顧客跟店家一起開直播，在徵求顧客同意後，直播顧客用餐的整個過程。在這個過程中，顧客對餐廳和餐點的評價也都能提供未曾光顧的使用者參考。

餐飲業往往透過各式各樣的方式來爭奪新客源，怎麼玩才能更吸引使用者光顧、獲得流量，這是餐飲業開直播時需要思考的重要問題。

## 直播＋體育：結合新聞、賽事與球星

隨著新媒體平台的出現，我們了解體育的形式也變得多彩多姿。影音直播的出現，更讓體育直播打開一片新天地。我們都知道體育直播受歡迎，尤其是一些比較有話題性的賽事，觀看人數極可能以百萬計。

體育直播既然如此受到歡迎，自然少不了各大品牌的青睞，成為體育賽事的贊助商和品牌，透過直播獲利才是最重要的目標。

### 直播球星幕後花絮＋球員問答

想要用「直播＋體育」的方式獲得優良成效，需要多方面考量，例如直播球星幕後花絮與球員問答之類的內容，就是使用者喜歡觀看的橋段之一。

2015 年被推特收購的 Periscope，就是數位體育圈最流行的社群媒體平台之一。Periscope 可以說是一個非常成功的直播平台，在剛營運十天時，註冊使用者就突破 100 萬人，每天的活躍使用者將近 185 萬人。雖然有許多球隊與品牌還在探索要怎麼利用這個平台，但是光憑這個平台的熱度，就足以表明 Periscope 還能吸引更多的使用者，尤其是年輕族群，因此它也成為運動品牌行銷的重要工具。

Periscope 本身就有許多的優勢，它促成與全球體育愛好者的即時互動，提供球隊與品牌呈現真實的一面。很多球隊和贊助商透過 Periscope 平台直播體育賽事的幕後花絮與球員問答，藉此進行自我推廣。

全世界的球迷都渴望著能與喜愛的球隊和球星走得更近，甚至是近距離接觸。在 Periscope 中，球隊可以透過直播播放球迷可能完全沒看過的球星私下生活，與全球使用者親密互動，增加雙方的互動交流。

巴黎聖日爾曼足球隊（Paris Saint-Germain Football Club）就透過 Periscope 平台，直播聯賽前的熱身賽。使用者透過直播，看到喜愛的球員在開賽前的熱身運動和一些搞怪的小動作，紛紛在直播平台中發表評論、相互調侃，帶動直播氣氛。我們顯然可以這樣推論，Periscope 存在的意義並不是與賽事轉播的其他大媒體競爭，而是提供一個使用者共享興趣的平台。

另外，Periscope 還是提升贊助商曝光程度、強化合作關係的優質平台，其中一個做法就是設置球員問答專區，讓接受贊助的球員參與。如此一來，觀看直播的粉絲就可以透過發表彈幕評論的方式，詢問喜愛的球員關於個人和專業問題，提升球員和球迷的互動交流。這樣一來，不但能夠促進直播平台的熱度，還可以為贊助商帶來客觀的收益。

## 贊助產品與球星的雙向加乘

體育直播贊助商的最大目標，就是行銷自家品牌，從而獲得客戶，因此贊助商希望的是充分利用體育直播平台來推廣自己的產品。

這裡還是以上述的 Periscope 直播平台為例。在這個平台上有效的方式，就是製作新產品直播影片，這對耐吉、愛迪達及彪馬（PUMA）等運動品牌尤其適用。在傳統的行銷方式中，這些大品牌發表新產品時，會邀請許多品牌大使來代言；品牌大使所拍攝的代言廣告也會在各大電視台、雜誌等各種廣告媒介中播出，以獲得流量。

如今直播行銷當道，透過開啟直播，就可以讓潛在客戶即時獲取相關的產品資訊。例如，愛迪達邀請著名球員利昂內爾・安德雷斯・梅西（Lionel Andrés Messi）在 Periscope 展示新產品。在展示新產品時，梅西不僅手捧一雙運動鞋，透過鏡頭展示運動鞋的細節，更穿上這雙運動鞋示範，讓全世界的球迷透過直播鏡頭，欣賞他平日的訓練生活。

這樣一來，愛迪達就可以很自然地向使用者呈現新產品，還能讓球迷看到超級球星梅西收到新鞋時的第一個反應，這樣的直播為贊助商品牌帶來的影響相當大。

另外，在 Periscope 上還可以直播一些體育相關的突發新聞，這也是與粉絲互動的另一個有效手段。儘管球隊新聞發表會等重要新聞通常會在電視、YouTube 等其他管道發布，但是 Periscope 直播的不同之處就在於它的互動性。透過直播中的聊天功能，觀眾有機會實現真實的線上互動交流，對特定賽事新聞即時回應，這樣可以大幅增強使用者的黏著度。

許多體育節目的第一手新聞都是透過現場直播的方式展示不同的角度，讓球隊與球迷實現雙向互動。

不只是 Periscope 直播平台，還有很多直播平台都引起了體育產業的關注，它們為提升品牌知名度和促進互動交流提供許多機會，為體育產業中的球隊與贊助商帶來福音。

## 「直播＋創新」拓寬體育行銷的邊界

2016年被視為「直播元年」，伴隨而來的是「直播經濟」的突飛猛進。在這種態勢下，直播也吸引了各種體育賽事的加盟。

騰訊在 2016 年里約奧運內容的打造上，加入直播的創新方式，這也是網路媒體首度將「全民直播」用於大型體育賽事的呈現，在新形式的拓展下，拓展行銷的邊界。

當時，青島啤酒贊助的直播節目「第一時間」，在奧運冠軍奪得金牌的第一時間，來到騰訊的里約前方播音室，主持人會根據不同奧運冠軍的故事和經歷，進行深度訪談。

在該直播節目中還設置了「穿越里約」的橋段，連線騰訊在北京鳥巢（國家體育場）的「奧運第二現場」，網友可以在該環節與奧運冠軍直接對話，實現里約和北京之間的「穿越式」互動。

除了直播形式的開拓和運用以外，騰訊針對 2016 年里約奧運行銷還採用虛擬實境技術、擴增實境（Augmented Reality, AR）技術等創新行銷方式，整合平台資源，幫助廣告主獲得最廣泛的使用者，進行深入互動。

在「直播＋創新」的模式下，體育賽事的直播會獲得更廣泛的傳播，不僅是贊助商、品牌或直播平台，還包括球隊、球員、俱樂部都能透過直播提高影響力。

## 直播＋金融：真人影音講盤、即時個股講解

金融從業者需要隨時掌握最新時代動態，從而在金融戰場上立於不敗之地。直播恰好順應金融科技（Fintech）的發展趨勢，有很多金融業者早就看見直播的優勢，開設各類金融直播室，打造全天候講堂，對投資人進行線上培訓，並且能夠實現線上喊單和講盤功能，範圍涵蓋多項投

資項目，功能強大到幾乎能全面包含所有金融業務。

與直播結合，可以讓金融科技快速發展，實現金融行銷的重大改革。規模龐大的銀行和證券公司也必須融合直播來進行行銷，藉此提升企業的整體競爭力。

直播與金融的結合，主要的重點在於：可以借助直播這種新穎的互動形式，展現出金融的各種業務和特色，讓使用者更直接地了解金融企業。

2015 年年末，直播迎來大爆發，在席捲秀場、遊戲等泛娛樂領域之後，金融圈也迫不及待地掀起「直播潮」。從傳統金融機構、網路金融公司，到財經媒體、金融自媒體大咖，紛紛在直播領域試水溫。很多直播平台也推出金融頻道或直播，如比較專業的商業直播平台微吼就正式推出「金融直播間」，而嘉實基金、和訊網等多家金融機構亦搶先入駐，完成第一輪直播秀。

金融企業進行直播，大都是當前市場發展趨勢所致。金融產業在經歷 2014 年年末至 2015 年年初的短暫牛市後，在 2015 年 6 月開始下跌，整個市場落入漫長的熊市階段，市場交易顯得十分冷清，有很多投資人對此信心不足。

在如此低迷的時期，傳統金融機構、網路金融企業便急於透過與使用者的有效交流來重建市場的信心，促進交易。透過直播，一方面，金融機構可以傾聽投資人的聲音，了解使用者的需求，可以讓自身產品最佳化，調整企業的發展方向；另一方面，投資人與金融機構透過直播可以近距離交流，進一步了解金融機構的實際情況和金融分析師的投資理念，增加投資人的信任度與好感度。

儘管直播對金融市場成長的促進並沒有娛樂領域那麼瘋狂，但是已經創造了一定的成效，光憑微吼直播平台的一些資料就足以印證這一點。在微吼裡，石頭網平均每堂直播課程就有 5 萬名左右的線上學員，轉換率高達 20%；和訊期貨頻道自從直播課上線以來，已經累積 300 多萬的觀看人次；金策黃金的金融直播間目前固定瀏覽量為 2 萬左右，高峰達到 5 萬左右。

與傳統的直播功能不同，微吼直播在提供金融直播服務時，還提供多種豐富出色的直播功能，如電腦桌面展示 K 線圖、錄影重播、資料統計、線上問答等。

微吼直播平台透過金融直播間實現真人影音講盤、即時個股講解等功能，並且根據即時行情對投資人提供操作建議。在直播中，金融的同步性與時效性的完美融合，形成資訊高速運轉的流動空間，如圖 8-12 所示。

另外，微吼還有一個直播模式可以說是具有無可比擬的優勢，就是直播為財經網紅打開一條快速獲取粉絲之路。在這裡，有很多中國金融大咖，如李大霄、任澤平，或是

在某投資領域擁有豐富經驗和出色成績的個人投資者，都可以透過直播，迅速提高市場知名度與關注度，擴大自己的影響力。

**圖 8-12　微吼直播平台的金融線上直播**

在微吼中，金融業者也會打造代表自家的金融網紅，利用這種影響力來增加受眾，增強互動性。有很多金融機構在直播平台開始有意識地培養有個性、有特色的明星分析師，或是直接招募已有一定粉絲規模的財經大咖，甚至還會讓一些金融業的老闆親自「站台」開直播，吸引目光。

許多金融產業人士和投資人都很看好「直播＋金融」的模式，因為這種方式彌補了過往以分析師、研究員單方面解析研究報告等文字內容為主的缺點。此外，直播具備的強大互動性和即時性，也讓直播成為金融機構最佳的行銷管道。

直播還在極大程度上降低金融機構的鉅額廣告宣傳成本，而且透過資料的統計功能，還可以分析觀看直播使用者的背景、年齡等許多有用資訊，讓金融機構可以實現精準行銷，有效定位。

直播平台顯然已經成為繼微博、微信之後又一大金融傳播媒介，未來直播將會成為傳統金融機構、網路金融公司行銷的熱門管道，也會在一定程度上促進傳統金融機構轉型。但是，在直播趨勢上，如果金融企業想要獲得行銷佳績，就必須採取 PGC，即專業內容導向的直播，帶給使用者真正有用、有價值的財經資訊，才能獲得成功。

## 直播＋線上教育：直播開課＋垂直 App 的雙線互動

2016 年，除了娛樂直播持續熱門之外，教育直播這一新興領域，也逐漸受到資本市場和平台機構的青睞。許多直播平台相繼推出教育直播，多家線上教育平台亦開始致力於教育直播。與此同時，直播中的線上教師也開始走紅，有很多教師成為網紅級人物，收入與知名度也逐漸上升。

然而，在教育生態鏈和知識分享尚未成熟的社會氛圍中，企業想要透過直播來推動教育產業，還有很長的一段路要走，但教育直播的大受歡迎正符合教育產業的發展趨勢，如果想要成功的話，就必須遵循多個條件。

## 「直播課＋垂直 App」的雙線形式

早在 2014 年，多貝網、YY 教育、傳課等平台就已將線上教育推向熱潮，不過線上教育和線上學習並不一樣。線上教育並不能將傳統上老師督促學生完成學習任務、檢驗學習品質，以及學生回饋學習情況和提出疑問等雙向互動，良好地在線上平台重現。

眾所周知，錄製播放的線上影片，只能讓學生的學習成為單向行為。學生無論學與不學、學習的方法是什麼、在什麼時間學習、測驗結果如何，都完全取決於個人，線上教師根本無法介入。

直播就不一樣了，直播的介入打破線上教育原來的單線形式，開啟了最有成效的雙線模式，也就是「直播開課＋垂直 App」的方式。在這方面，有道學堂為我們做出典型的示範，如圖 8-13 所示。

有道學堂透過「直播開課＋垂直 App」的模式，彌補純直播模式的個人化學習缺點，並且將過去單一的 App 應用程式與線上課程強制綁在一起，形成雙重優勢。中國大學英語四六級考試、雅思（IELTS）、托福（TOEFL）、多益（TOEIC）、研究生考試等，都有固定的線上直播時間。直播時教師與學生可以雙向互動，直播後再透過有道學堂 App 來直接檢驗學習效果。這樣一來，就完成良性學習循環，如圖 8-13、圖 8-14 所示。

圖 8-13　有道學堂課程報名觀看直播

圖 8-14　有道學堂學習工具 App

類似有道學堂的這種做法，事實上很多線上教育平台或報考研究所與公職機關的學習網站都可效法，藉由線上直播為線上教育產業注入新的活力，增強線上教育的實質魅力。

## 從正規教育到泛知識學習都能直播

2015 年，中國線上直播平台數量接近 200 家，市場規模約為人民幣 90 億元，使用者數量已經達到 2 億。進入 2016 年，在網路直播的浪潮下，教育直播逐漸成為各大直播平台及背後投資方角逐的新戰場。

2016 年 7 月 5 日，「中國第一名師英語對決之夜」在鬥魚直播平台上推出，趙建昆和付英東兩位英語老師透過雙螢幕互動的直播方式，針對英語學習展開討論。當晚直播間的線上人數一度突破 10 萬，刷新英語教育直播區塊開播以來的最高紀錄。

事實上，這並不是鬥魚第一次涉足教育領域。早在 2016 年 4 月，鬥魚直播就率先進軍線上教育領域。鬥魚直播教育區塊一推出，瞬間就吸引中國各大知名學校、教育機構的老師與學生進駐，課程內容從中高考輔導、語言類、心理類、藝術類、職業技能培訓到興趣愛好等，涵蓋範圍也非常廣泛。

直播在教育方面做為一種全新的即時互動形式，與諸多產業場景融合的可能性很大。直播在教育上可以說是富含能量，這種以內容驅動為主的教育直播，更具持續性和商業化空間。

線上教育直播相當於再次擴展直播的可應用範圍，讓直播變得無處不在。直播平台巨頭 YY 早在 2014 年就推出獨立教育品牌——「100 教育」，從線上留學英語培訓切入線上教育。100 教育最重要的區塊在於托福、雅思領域的線上強化班。

著手於線上教育直播市場的企業並不只有 YY、鬥魚，阿里巴巴也推出電商化的線上教育平台——淘寶同學，現已上線直播，同時阿里巴巴也帶頭投資真人教育線上平台 TutorGroup；百度投入 350 萬美元策略投資「傳課網」；騰訊 QQ 群組新增影音教育功能等。由此可見，網路三大巨頭也都在線上教育領域布局。

當然，線上教育想要透過直播獲得更多關注，還應該要注重互動。學生在觀看直播時，會進行提問或是針對不理解的地方提出疑問、發表自己的看法。這時候線上教育的直播講師就必須注重對學生的回應，根據學生的要求和課程的進度來進行直播。只有這樣才能確保學生和講師同步進行，將線上教育直播推向更好的境界。

## 直播＋遊戲：名人實況與名人 PK

遊戲產業早有一段不短的直播歷史，鬥魚、虎牙、花椒等各大直播平台都開闢了遊戲頻道，被亞馬遜（Amazon）以十億美金收購的 Twitch 也是全球最大的遊戲賽事實況平台。在這些平台中，遊戲都是主要的直播項目。各大熱門的遊戲紛紛加入直播平台，遊戲本身的熱門也吸引更多的網友參與。但是，想要透過直播獲得更多的流量，就需要運用一些技巧。

### 讓名人和你玩得不亦樂乎

遊戲產業想要透過直播獲得成功，邀請名人加入幾乎是必要的環節。利用名人效應，不但可以鞏固遊戲粉絲對這一款遊戲的熱愛，還能讓更多名人的粉絲對遊戲產生興趣。

2016 年 7 月 12 日，主演電影《驚天大逆轉》的鍾漢良和韓國明星李政宰來到「明星特別任務」做客，不但接受採訪，還順應趨勢進行直播，而且直播內容還是遊戲任務。在直播中，兩大男神開始一場滾珠遊戲。

兩位西裝革履的男神盡顯童真，玩得不亦樂乎。在直播中，鍾漢良與李政宰放下偶像明星包袱，認真地參與遊戲，一起對付不聽話的滾珠。正是由於這種遊戲直播的趣味性，讓更多的網友參與其中，觀看該直播的人數在短時間內就達到 180 多萬人，網友紛紛發出評論，人們在直播裡更是看到這款遊戲的吸引力，如圖 8-15 所示。

**圖 8-15　鍾漢良和李政宰接受滾珠任務**

在整個玩遊戲的過程中，兩大男神紛紛展現自己不俗的實力。期間，兩人還獻給觀看直播的粉絲更多福利，如表演舞步等。

鍾漢良在「明星特別任務」直播裡使用的滾珠玩具也吸引了大家的注意，兩大男神還在這些小玩具上簽名，觀看直播的使用者即可透過直播主提供的管道得到。

## 戰鬥吧！你也能和名人 PK

如果遊戲想要在直播中玩出不一樣，不僅需要名人加入，還應該開放觀眾和名人 PK，更能吸引粉絲。

2015 年 8 月，明星周杰倫在直播中大玩《英雄聯盟》。自從這個消息確定之後，便讓無數玩家期待，有很多周杰倫的粉絲更是引頸期盼，終於等到周杰倫開直播的那一天。事實上，這個過程也是一種直播行銷方式，提前將名人直播的消息釋出，可以在直播當天蘊積最大的能量。

開播前，有很多玩家，包括周杰倫的粉絲在內，提出諸如「周董是什麼段位」、「周董會用嘉文四世嗎？」等疑問。

顯然周杰倫已經成為這場比賽的焦點，人們都在期盼著周杰倫究竟會在這場比賽中發揮出怎樣的實力。

在直播中，周杰倫選擇的角色是劍聖，隊友 miss 是發條、娃娃是莫甘娜。周杰倫的對手也十分強大，由中國首富之子王思聰、中國男演員林更新等強者聯手，雙方的戰火一觸即發，還沒開打，粉絲就彷彿已經嗅到「戰火硝煙」的味道了。

雖然周杰倫隊在直播中一度處於劣勢，但是網友紛紛為周杰倫加油，彈幕中處處浮現為周杰倫加油的字樣。隨著直播的進行，周杰倫隊打得愈來愈順手，網友也紛紛留言讚揚，如圖 8-16 所示。

**圖 8-16　周杰倫玩《英雄聯盟》的直播影片**

周杰倫玩《英雄聯盟》的直播獲得 1,700 多萬人觀看，而且由於周杰倫的背書，直接吸引大量的粉絲加入遊戲，有些人甚至還成為這款遊戲的忠實粉絲。周杰倫直播的消息還被推上新浪微博的熱搜榜，引發廣泛關注，甚至還登上電視新聞版面，一時之間《英雄聯盟》被更多領域的人所熟知。

透過這兩個不同類型遊戲的直播可以看出，遊戲產業想要進行直播行銷，就一定要重視名人效應，以獲得雙重流量和注目程度。

國家圖書館出版品預行編目資料

直播行銷革命：13招直播變現技巧×8大產業實戰應用,從企業到素人都適用的爆紅影響力 / 李科成著. -- 初版. -- 臺北市：商周出版：家庭傳媒城邦分公司發行, 民106.06
面； 公分. --（新商業周刊叢書；BW0639）
ISBN 978-986-477-253-7（平裝）

1. 網路行銷 2. 電子行銷 3. 行銷策略

496 106008200

新商業周刊叢書 BW0639

直播行銷革命

13招直播變現技巧X8大產業實戰應用，從企業到素人都適用的爆紅影響力

原文書名／直播营销与运营：盈利模式+推广技巧+经典案例
作　　者／李科成
企畫選書／黃鈺雯
責任編輯／黃鈺雯
編輯協力／蘇淑君
版　　權／黃淑敏、翁靜如
行銷業務／周佑潔、石一志

總 編 輯／陳美靜
總 經 理／彭之琬
發 行 人／何飛鵬
法律顧問／台英國際商務法律事務所 羅明通律師
出　　版／商周出版
台北市中山區民生東路二段141號4樓
電話：(02) 2500-7008 傳真：(02) 2500-7759
E-mail：bwp.service@cite.com.tw
Blog：http://bwp25007008.pixnet.net/blog
發　　行／英屬蓋曼群島商家庭傳媒股份有限公司城邦分公司
台北市中山區民生東路二段141號2樓
書虫客服服務專線：(02)2500-7718・(02)2500-7719
24小時傳真服務：(02)2500-1990・(02)2500-1991
服務時間：週一至週五09:30-12:00・13:30-17:00
郵撥帳號：19863813 戶名：書虫股份有限公司
讀者服務信箱E-mail：service@readingclub.com.tw
歡迎光臨城邦讀書花園 網址：www.cite.com.tw
香港發行所／城邦（香港）出版集團有限公司
香港灣仔駱克道193號東超商業中心1樓
Email：hkcite@biznetvigator.com
電話：(852)2508-6231 傳真：(852)2578-9337
馬新發行所／城邦(馬新)出版集團【Cite (M) Sdn. Bhd.】
41, Jalan Radin Anum, Bandar Baru Sri Petaling,
57000 Kuala Lumpur, Malaysia
電話：(603)90578822 傳真：(603)90576622
Email：cite@cite.com.my

封面設計／黃聖文 內文設計排版／唯翔工作室 印　刷／鴻霖印刷傳媒股份有限公司
總 經 銷／聯合發行股份有限公司 電話：(02)2917-8022 傳真：(02)2911-0053
地址：新北市231新店區寶橋路235巷6弄6號2樓

■ 2017年(民106年)6月初版

Printed in Taiwan



定價／380元 版權所有・翻印必究 ISBN 978-986-477-253-7

| 廣 告 回 函 |
|---|
| 北區郵政管理登記證 |
| 北臺字第10158號 |
| 郵資已付，免貼郵票 |

10480　台北市民生東路二段141號9樓

英屬蓋曼群島商家庭傳媒股份有限公司城邦分公司　收

請沿虛線對摺，謝謝！

書號：BW0639　　書名：直播行銷革命

請於此處用膠水黏貼

# 讀者回函卡

不定期好禮相贈！
立即加入：商周出
Facebook 粉絲團

感謝您購買我們出版的書籍！請費心填寫此回函卡，我們將不定期寄上城邦集團最新的出版訊息。

姓名：＿＿＿＿＿＿＿＿＿＿＿＿＿＿＿＿ 性別：☐男 ☐女

生日：西元＿＿＿＿＿＿年＿＿＿＿＿＿月＿＿＿＿＿＿日

地址：＿＿＿＿＿＿＿＿＿＿＿＿＿＿＿＿＿＿＿＿＿＿

聯絡電話：＿＿＿＿＿＿＿＿＿＿ 傳真：＿＿＿＿＿＿＿＿＿＿

E-mail ：

學歷：☐ 1. 小學 ☐ 2. 國中 ☐ 3. 高中 ☐ 4. 大學 ☐ 5. 研究所以上

職業：☐ 1. 學生 ☐ 2. 軍公教 ☐ 3. 服務 ☐ 4. 金融 ☐ 5. 製造 ☐ 6. 資訊

☐ 7. 傳播 ☐ 8. 自由業 ☐ 9. 農漁牧 ☐ 10. 家管 ☐ 11. 退休

☐ 12. 其他＿＿＿＿＿＿＿＿＿＿＿＿＿＿＿＿

您從何種方式得知本書消息？

☐ 1. 書店 ☐ 2. 網路 ☐ 3. 報紙 ☐ 4. 雜誌 ☐ 5. 廣播 ☐ 6. 電視

☐ 7. 親友推薦 ☐ 8. 其他＿＿＿＿＿＿＿＿＿＿＿＿

您通常以何種方式購書？

☐ 1. 書店 ☐ 2. 網路 ☐ 3. 傳真訂購 ☐ 4. 郵局劃撥 ☐ 5. 其他＿＿＿＿

您喜歡閱讀那些類別的書籍？

☐ 1. 財經商業 ☐ 2. 自然科學 ☐ 3. 歷史 ☐ 4. 法律 ☐ 5. 文學

☐ 6. 休閒旅遊 ☐ 7. 小說 ☐ 8. 人物傳記 ☐ 9. 生活、勵志 ☐ 10. 其他

對我們的建議：＿＿＿＿＿＿＿＿＿＿＿＿＿＿＿＿＿＿＿＿

＿＿＿＿＿＿＿＿＿＿＿＿＿＿＿＿＿＿＿＿

＿＿＿＿＿＿＿＿＿＿＿＿＿＿＿＿＿＿＿＿



請於此處用膠水黏貼